중국 황토고원의 산림훼손과 황사

“본 연구는 2012년도 계명대학교 비사연구기금으로 이루어졌음.”

중국 황토고원의 산림훼손과 황사

강판권 지음

계명대학교 출판부

머리말

'누른 모래'를 의미하는 황사는 중국을 상징하는 개념을 넘어 인류의 삶에서 반드시 해결해야 하는 과제다. 그래서 황사는 단순히 계절마다 등장하는 누른 모래가 아니라 인류의 미래를 예고하는 나침반 같은 개념이다. 1980년대 전까지만 해도 황사는 삶의 '문제'가 아니라 가끔 삶을 불편하게 하는 '모래 먼지'에 불과했다. 그러나 2000년대 이후 황사는 '모래먼지'가 아니라 인간 삶에 치명적인 영향을 줄 수 있는 '핵심문제'로 등장했다. 나처럼 황사의 발원지와 꽤 멀리 떨어진 곳에 살고 있는 사람들도 거의 매일 기상청의 황사 여부를 확인하면서 하루를 시작한다. 인간이 어떤 문제에 심각한 반응을 보이는 중요한 배경 중 하나는 일상에서 겪는 충격이다. 나도 그간 일상에서 황사를 심각하게 느끼지 않고 살았다. 그런데 어느 날 아침, 전날 밤에 세워둔 차가 온통 먼지에 덮인 것을 보고 충격을 받았다.

내가 황사문제에 관심을 가진 것은 본격적으로 나무를 공부하기 시작한 1990년대 후반이었다. 청대농업사로 박사학위논문을 준비하면서 시작한 나무 공부는 10년간 나의 역사 공부의 방향을 완전히 바꿔놓았다. 그간 나의 역사 연구는 생태에 대한 인식도 없이 이루어졌다. 지금까지도 역사학자의 연구는 생태에 대한 인식 없이 진행되고 있다. 나는 나무를 통해 생태에 관심을 가지면서 지금까지의 역사 연구가 심각한 문제를 안고 있다는 것을 깨달았다. 생태는 지구상에 존재한 모든 것과의 '관계'를 의미한다. 생태는 자연생태, 인문생태, 사회생태를 포괄하는 개념이다. 그 중에서 가장 중요한 생태는 자연생태이다. 왜냐하면 자연생태는 모든 생명체들의 삶의 터전이기 때문이다. 그러나 그간의 역사학자들이 자연생태에 거의 관심을 갖지 않고 인문생태와 사회생태를 연구했다.

역사학자가 자연생태에 관심을 갖는다는 것은 공간에 관심을 갖는다는 것을 의미한다. 그러나 그간의 역사 연구는 공간보다 시간 중심으로 이루어졌다. 인간은 공간을 떠나서 존재할 수 없다. 따라서 역사 연구는 시간보다 공간을 먼저 이해할 때만이 좋은 결과를 얻을 수 있다. 나의 나무에 대한 관심은 곧 시간 중심의 역사 연구에서 공간 중심의 역사 연구로의 전환을 의미한다. 나의 자연생태에 대한 관심은 단순히 연구 방법론의 문제가 아니라 한층 근본적인 문제를 제기한다. 지금까지 역사학자는 대부분 역사를 '과거에 일어난 일'로 이해한 후 과거 사실을 밝히는 데 몰두한다. 물론 역사학자의 그러한 작업은 민족의 정체성을 이해하고, 국가의 장래를 이끄는 데 큰 역할을 담당한다. 그러나 그간의 역사 연구는 국경문제를 제외하면 현안 문제에 대한 해결 혹은 대안을 제시하는 데 매우 소극적이다. 그래서 역사학자는 현안 문제를 논의하는 자리에 참여할 기회가 거의 없다. 더욱이 지금까지 역사학자가 사용한 연구 방법론은 인간의 일상 문제, 삶의 문제를 거의 분석대상으로 삼지 않았다.

황사문제는 중국은 물론 우리나라의 현안이자 일상의 문제다. 그러나 역사학자는 이 문제에 대해서 관심을 거의 갖지 않을뿐더러 이 문제를 논의하는 자리에 전문가로 초대받는 사례조차 없었다. 자연생태는 바로 현실이다. 따라서 자연생태에 관심을 갖는 순간 현실문제와 만나야 하고, 그 문제를 해결하기 위해서 고민해야 한다. 내가 나무에 관심을 갖는 순간 자연스럽게 황사문제에 눈을 돌릴 수밖에 없었다. 그 동안 황사문제에 대해서는 기후학자, 지질학자, 산림학자 등 일반적으로 황사와 관련 있는 전문가들이 관심을 가졌다. 그러나 역사학자가 본격적으로 황사문제에 관심을 가진 사례는 거의 찾아볼 수 없다. 특히 역사학자가 황사문제에 관심을 갖는 것은 다른 분야의 전문가가 이 문제에 관심을 갖는 것과 다른 점이 있다. 역사학자가 황사에 관심을 갖는 것은 현실의 문제를 단순히 평면적으로 이해하는데 그치지 않고 인과관계로 이해한다는 점에서 매우 중요하다. 황사문제를 인과관계로 이해한다는 것은 이 문제의 발단과 해결에 대해 근본적으로 접근한다는 것을 의미한다. 특히 역사학자의 황사문제에 대한 이해는 이 문제가 결코 하루아침에 발생하지 않았다는 사실을 전제한다. 이처럼 황사문제에 대한 생태학적 고찰은 이 문제에 대한 새로운 접근이자 현안의 해결에도 큰 도움을 줄 것이다.

황사문제의 근본 원인을 한마디로 정리하면 산림훼손이다. 중국의 황사는 대부분 근원지인 황토고원의 산림훼손으로 발생하고 있기 때문이다. 황사문제를 이해하기 위해서는 우선 발원지인 황토고원의 토양과 기후에 대한 이해가 필요하다. 토양과 기후는 나무가 존재하는 중요한 조건이기 때문이다. 아울러 토양과 기후를 이해하는데 황하는 빼놓을 수 없는 요소다. 황하는 황토고원의 자연생태를 이해하는데 필수이고, 중국의 문명사에 매우 중요한 역할을 담당했기 때문이다. 황토고원의 산림훼손과 관련해서 이 지역의 산에 대한 이해도 매우 중요하다. 산림은 산과 밀접한 관계가 있고, 문명의 건설에는 산의 나무를 적극적으로 이용했기 때문이다.

황사문제와 관련해서 산림훼손의 시대적 고찰은 중요한 부분을 차지한다. 각 시대마다 산림훼손의 정도를 파악하는 일은 결코 쉽지 않지만, 단편적인 자료를 통해서라도 파악하는 일은 황사문제를 이해하는 중요한 단서를 제공할 것이다. 특히 본서에서는 황토고원의 황사가 청대의 산림훼손과 밀접한 관련이 있다는 가설 아래 이 시기의 산림훼손에 대해 초점을 맞춰 분석할 것이다. 다만 황토고원의 범위가 매우 넓고, 자료의 한계 때문에 주로 섬서, 산서를 중심으로 분석할 것이다. 그런데도 그간 황토고원의 산림훼손을 본격적으로 분석한 사례는 찾아볼 수 없다. 따라서 본고는 공간과 시간을 동시에 분석하는 새로운 방법론을 통해 동북아시아의 현안으로 떠 오른 황사문제의 원인을 분석할 수 있는 이론은 물론 실제까지 제공할 수 있을 것이다.

차례

Chapter 01

황토고원의 자연지리와 특징

1. 황토고원의 형성과 기후
2. 중국 역사의 알파: 황하와 지류
3. 황하와 홍수
4. 중국 역사의 오메가: 화산·항산·숭산·태산

1장 :
황토고원의 자연지리와 특징

1 —— 황토고원의 형성과 기후

황토고원의 범위는 정론이 없다. 1980년대 황토고원지구에 대한 종합적인 검토 결과, 진령(秦嶺)산맥 이북, 음산(陰山)산맥 이남, 산서 고원과 하북 평원 사이에 위치한 태행산(太行山, 해발 1,000미터) 서쪽, 청장고원 동쪽을 의미한다. 지리 좌표는 동경 100°52′-114°33′, 북위 33°41′-41°16′이며, 총면적은 62.38만 ㎢다. 1984년 진영종의 조사에 따르면, 동서 길이 약 1,300㎞, 남북 길이 약 800㎞, 총면적은 62.68만 ㎢다. 2005년 7월에서 2007년 5월까지 또 다른 조사에 따르면, 황토고원은 청해, 감숙, 영하, 내몽고, 섬서, 산서, 하남을 포함하며, 총면적은 64.2만 ㎢이며, 국토면적의 6.5%를 차지한다. 황토고원의 지세는 서북이 높고, 동남이 낮다. 이 지역의 해발은 1,000-2,000m이며, 일부 석질산령은 해발 2,000m가 넘는다. 특히 중부 육반산(六盤山)의 경우 해발 2,000-3,000m다. 육반산 동쪽, 여량산(呂梁山) 서쪽의 농동(隴東), 섬북(陝北), 진서(晋西)지구는 전형적인 황토고원이며, 해발 1,000-2,000m다. 여량산 동쪽, 태행산 서쪽의 진중(晋中), 진동북(晋東北)지구는 산령과 분지이며, 해발 500-1,000m다.[1]

---

1 朱清科·張岩 等, 『陝北黃土高原』, 科學出版社, 2012, p.35.

황토고원이 화북지역에서 광범위하게 형성된 것은 기본적으로 화북의 고지리(古地理) 환경과 밀접한 관계가 있다. 제3기 후기 고지중해가 소실하면서 계절풍 계통이 형성되어 몽골고기압과 강력한 기류가 북부 대륙빙하의 빙하쇄설물을 화북지방에 날라다 퇴적시켰다. 동시에 화북지역은 서북 사막지역과 인접한 까닭에 사막지역의 세립과 산악빙하의 빙하세립물질이 서북풍에 의해 운반되어 화북지역의 바람맞이 사면에 이르고 바람을 등진 면에 퇴적되었다. 따라서 황토고원의 황토는 빙하와 건조 황막 변연환경의 산물이다. 화북지역의 황토지역은 제 3기 말부터 줄곧 반건조 초원환경에 처했다. 지금도 황토의 퇴적작용은 계속되고 있다.[2] 그런데 황토고원의 황토는 단순히 지리학적 측면에서 이루어진 것은 아니다. 황토고원은 고대부터 시작된 산림훼손과 결코 무관하지 않다.

〈사진 1〉 황토퇴적 모습

〈사진 2〉 화청지 황토

2 김추윤·장삼환, 『중국의 국토환경』, 대륙연구소출판부, 1995, pp.405-406.

황토고원의 기후는 '온대계절풍기후'에 속한다. 이 기후대는 아시아 동부, 미국 동남부, 남아메리카 남동부, 오스트레일리아 동부지역에 분포한다. 이 기후대의 특징은 여름에는 해양에서 대륙으로 불어오는 다습한 계절풍의 영향을 받아서 비가 많고, 겨울철에는 대륙에서 불어오는 건조한 바람으로 맑은 날이 많다. 그래서 여름철에 65%의 비가 집중되고 강수의 강도가 커서 왕왕 한 번의 폭우가 연간 강우량의 30%에 이른다. 황토고원의 토양유실도 이런 과정에서 발생한다. 동부 위수분지, 분하(汾河) 하류는 비교적 온난해서 연평균 온도는 9-12℃, 최저 온도는 -6-2℃, 가장 더운 달의 평균 온도는 22-26℃다. 중부의 연평균 온도는 8℃, 가장 낮은 평균 온도는 -10-8℃, 가장 더운 달의 평균 온도는 22-24℃다. 북부 및 서북부의 연평균 온도는 6-8℃이며, 가장 낮은 달의 평균 온도는 -14-10℃이며, 가장 더운 달의 평균 온도는 24℃다. 태행산 북부의 진동북 지구와 영하남부의 육반산지구는 해발고도로 인해 연평균 온도는 2-6℃, 1월 평균 기온은 114-12℃이며, 7월 평균 기온은 16-20℃다.[3]

〈그림 1〉 황토고원 연평균 기온 분포도

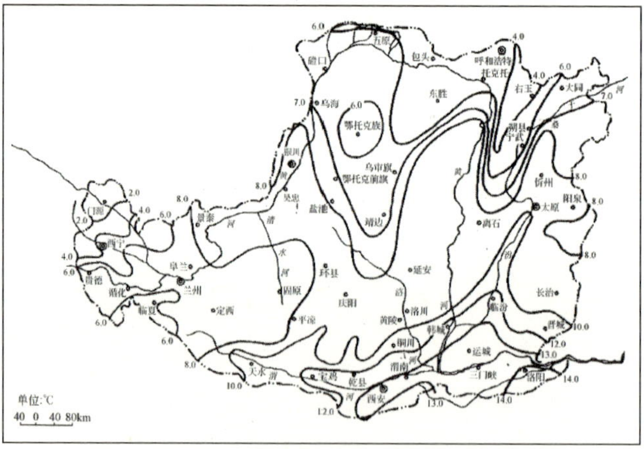

출처: 朱清科·張岩 等,『陜北黃土高原』, 科學出版社, 2012, p.38.

---

3 朱淸科·張岩 等, 앞의 책, pp.37-38.

황토고원은 위도 상 동부 계절풍 지구다. 겨울에는 몽고에서 고기압이 남하하면서 차가운 공기가 태풍과 비를 만든다. 따라서 겨울에는 춥고 건조해서 비가 적게 내린다. 황토고원의 연평균 강우량은 200-600㎜이며, 동남부 지구는 연평균 강우량이 650-700㎜다. 반면에 서부와 서북에 위치한 영하, 내몽고 황하 연안 지대, 악이다사고원 서부, 감숙 정원 일대는 연평균 강우량이 150-250㎜다. 섬서의 유림, 정변, 환현, 고원 북부 일대는 400㎜다. 따라서 강우량은 동남에서 서북으로 가면서 점차 줄어든다. 황토고원의 연강수량은 일정하지 않으며, 대부분 여름에 56.7%가 집중해서 내린다.

황토고원은 위도 상 동부 계절풍 지구다. 겨울에는 몽고에서 고기압이 남하하면서 차가운 공기가 태풍과 비를 만든다. 따라서 겨울에는 춥고 건조해서 비가 적게 내린다. 황토고원의 연평균 강우량은 200-600㎜이며, 동남부 지구는 연평균 강우량이 650-700㎜다. 반면에 서부와 서북에 위치한 영하, 내몽고 황하 연안 지대, 악이다사고원 서부, 감숙 정원 일대는 연평균 강우량이 150-250㎜다. 섬서의 유림, 정변, 환현, 고원 북부 일대는 400㎜다. 따라서 강우량은 동남에서 서북으로 가면서 점차 줄어든다. 황토고원의 연강수량은 일정하지 않으며, 대부분 여름에 56.7%가 집중해서 내린다.

〈그림 2〉 황토고원 연평균 강수량 분포도

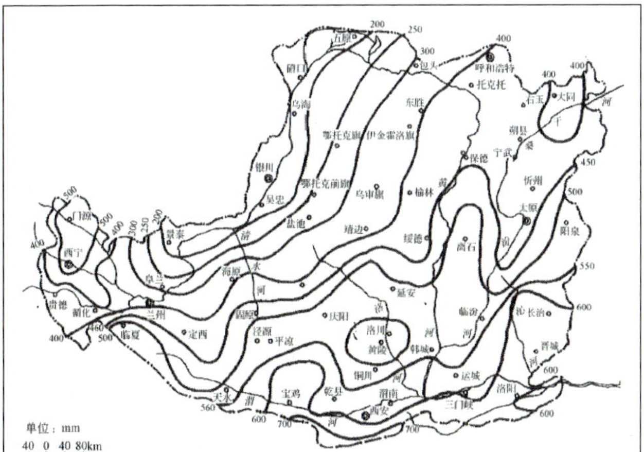

출처: 朱清科·張岩 等,『陝北黃土高原』, 科學出版社, 2012, p.39.

2 —— 중국 역사의 알파: 황하와 지류

모든 역사는 공간에서 출발한다. 공간은 생명체가 살아가는 가장 기본적인 요소이기 때문이다. 인류의 고대문명이 모두 강에서 출발한 것도 강이 사람이 살아갈 수 있는 가장 중요한 공간이었기 때문이다. 강과 함께 인간이 살아가는 데 가장 중요한 또 하나의 요소가 산이다. 그래서 강산은 인간이 살아가는 두 개의 핵심 축이다. 중국의 강은 크게 북쪽의 황하와 남쪽의 양자강으로 나눈다. 중국의 황하와 양자강은 중국 역사의 어머니였다. 지금까지 중국의 역사가들은 황하를 중심으로 중국인들의 삶을 이해했다. 중국의 역사를 낳은 황하와 양자강의 발원지는 모두 서쪽에서 시작한다.

〈사진 3〉 황하

황하의 발원지는 파안객랍산맥(巴顔喀拉山脈) 북쪽 기슭이다. 황하는 청해, 사천, 감숙, 영하, 내몽골, 섬서, 산서, 하남, 산동 등을 지나 발해로 흘러간다. 9개 성(省)과 자치구를 지나는 황하의 총 길이는 5,464 킬로미터이다. 황하는 남한에서 가장 긴 514 킬로미터의 한강보다 10배 이상 길다. 양자강의 발원지는 청장고원의 탕굴라산맥이다. 청해, 서장, 운남, 사천, 호북, 강서, 안휘, 강소, 상해 등을 거쳐 중국의 동해로 흘러간다. 10개의 성과 시, 자치구를 지나는 양자강의 총 길이는 6,300 킬로미터이다. 양자강은 중국에서 가장 길고, 세계에서 가장 긴 아마존 강과 다음으로 긴 나일강에 이어 세 번째이다. 황화와 양자강의 발원지가 크게 다르지 않은 것은 중국의 지형이 서쪽이 높고 동쪽이 낮은 서고동저(西高東低)이기 때문이다.

〈사진 4〉 양자강

중국의 고대문명에서 주목받고 있는 황하의 특징은 중국 역사의 성격과 토양을 이해하는 데 매우 중요하다. 황하의 특징 중 하나는 '황'과 '하'이다. 황하의 처음 이름은 '하'였다. 그러나 『전국책(戰國策)』에 따르면 물이 황토고원을 지나면서 황색으로 변하면서 '탁하(濁河)'라 불렀다. 황하는 『한서(漢書)·고혜고후문공신표(高惠高后文功臣表)』에 따르면 서한(西漢) 때부터 사용했다. 황하는 황천(黃川) 혹은 대하(大河)라 불렀다. 황하는 크게 상류·중류·하류로 나눈다. 상류는 내몽골의 탁극탁현(托克托縣)의 하남성(河南省) 하구진(河口鎭) 이상을 말하며, 전체 길이는 3,472 킬로미터이다. 따라서 황하의 상류가 황하 전체 길이에서 2/3 정도 차지한다. 상류도 하도(河道)의 특성이 달라서 발원구간, 협곡구간, 충적평원구간으로 나눈다. 중류는 하구진에서 하남성 서북부의 맹진(孟津)까지다. 황하는 하구진에서 남쪽으로 진섬협곡(晋陝峽谷)을 지나서 용문(龍門)까지 이른다. 특히 용문에서 동관(潼關)까지 약 130 킬로미터까지 분하(汾河), 낙하(洛河), 경하(涇河), 위하(渭河) 등의 지류를 받아들인다. 지류 중 위하와 경하, 그 중 위하는 중국 고대의 역사와 문화에 중요한 의미를 갖는다.

섬서성 중부에 위치한 위하는 흔히 위수(渭水)라 부른다. 위수는 중국 고대 문명의 발상지다. 황하의 가장 큰 지류인 위수는 감숙성(甘肅省) 위원현(威源縣)의 서산(鼠山)에서 발원해서 섬서성 동관에서 황하와 만난다. 위수는 818 킬로미터이다. 위수는 우리나라 낙동강을 연상시킨다. 위수가 중국 고대사에서 중요한 것은 이곳에서 주나라를 비롯해서 당나라까지 중국의 고대왕조가 이곳에서 똬리를 틀었기 때문이다.

〈사진 5〉 위수

이처럼 중국의 고대왕조가 이곳에서 자리를 잡을 수 있었던 것은 위수가 만든 분지 덕분이었다. 특히 위수분지 동쪽의 관중평원(關中平原)은 중국 고대 왕조의 경제적 기반을 제공했다. 관중은 동으로 함곡관(函谷關), 서로는 무관(武關), 남으로는 산관(散關), 북으로는 소관(蕭關)에 이르는 중심이어서 붙인 이름이다. 관중평원은 고대부터 관개와 수운을 목적으로 물길을 만들었다. 기원전 246년 진나라는 정국거(鄭國渠)를 만들어 경하를 낙하로 연결했으며, 한나라 무제는 백공거(白公渠)를 만들어 경하를 위하로 연결했다.

위수와 위수의 지류인 경수는 맑고 탁한 물을 상징한다. 그래서 중국이나 우리나라에서도 절개를 얘기할 때 자주 인용한다. 이러한 사례는 고려 말 목은(牧隱) 이색(李穡, 1328-1396)의 아버지 이곡(李穀, 1298-1351)의 『가정집(稼亭集)』과 신흠(申欽, 1566-1628)의 『상촌집(象村集)』에서 확인할 수 있다.

「오랜 비로 물이 넘치는 바람에 성안에서 물고기를 많이 잡다/
久雨水漲, 城中多捕魚」

밤부터 새벽까지 주룩주룩 낙숫물 소리 / 浪浪簷溜夜連明
담장은 모두 무너지고 뜰은 온통 진흙탕 / 環堵皆頹泥滿庭
사방팔방에 구름은 옅은 먹빛 한가지요 / 四海八荒雲一色
탁한 경수 맑은 위수 형색이 다르지 않네 / 濁涇淸渭水同形
어느 때나 공중의 태양을 볼 수 있을까 / 何時得見當空日
저 달은 오히려 호우의 별을 따르나 봐 / 彼月猶從好雨星
가뭄에 병든 농부들 지금 또 눈물짓는데 / 憂旱老農今又泣
물고기 실컷 잡았다는 성시의 괜한 소문들 / 謾傳城市厭魚腥

「나그네살이/寓居」

청위와 종남산이 멀다고 한을 말자 / 淸渭終南莫恨賒
뜬 인생 그 어디가 내 집이 아니 되리 / 浮生何處不爲家
단정 설치하자마자 맑은 정신 물 같고 / 纔安丹鼎神如水
난새 수레 아니 타도 기운 이미 황홀하네 / 未躡鸞驂氣已霞
깊은 골짝 눈이 녹자 샘물은 맥을 토하고 / 幽谷雪消泉吐脈
양지 언덕 봄이 오니 풀잎은 새싹이 돋네 / 陽坡春至草抽芽
봉래도의 삼주수를 찾아보고 싶으니 / 蓬萊擬看三珠樹
상전벽해 먼 세월도 또한 끝이 있으리 / 桑海茫茫亦有涯

주(周)나라 문왕은 위수 가에서 여상(呂尙) 즉 강태공(姜太公)을 만나 스승으로 삼았다. 낚시꾼들의 우상인 강태공은 동해(東海)의 가난한 사람이었으나 상나라, 즉 은나라 말 혼란한 시기에 위수에서 낚시를 하다가 주나라의 서백(西伯), 즉 문왕을 만나 일약 주나라의 재상에 올랐다. 가장으로서 집안도 돌보지 않던 그가 신생 국가 주나라의 재상에 오를 수 있었던 것은 그가 뛰어난 병법가였기 때문이다. 그래서 그는 문왕을 도와 상나라의 마지막 왕인 주왕(紂王)을 멸망시키고, 천하를 평정한 일등공신이었다. 문왕은 그의 공적을 인정해서 지금의 산동성인 제나라의 제후에 봉했다. 그가 바로 제나라의 시조이다.

황하는 동관을 지나면서 물길을 다시 동쪽으로 틀어 마지막 협곡 구간인 삼문협(三門峽)에 이른다. 삼문협은 인문(人門), 신문(神門), 귀문(鬼門)을 일컫는다. 산서성과 하남성에 위치한 삼문협은 1960년에 다목적댐을 만들었다. 황하 중류는 양쪽에 황토고원이 자리 잡고 있어서 황하의 토사를 가장 많이 제공하는 곳이다. 따라서 황하의 홍수도 중류의 토사와 밀접한 관계를 갖고 있다. 황하의 하류는 맹진에서 하구(河口)까지 약 870 킬로미터이다. 하류는 물의 흐름이 아주 느린 게 특징이다. 그래서 상류와 중류보다 하폭이 넓어서 흙과 모래가 많이 쌓인다. 그 결과 하상(河上)이 양안(兩岸)보다 4-5 미터나 높은 이른바 땅 위의 하천, 즉 지상하(地上河)가 생겼다.

3 —— 황하와 홍수

황하는 물의 양이 양자강에 비해 많지 않다. 황하는 주로 건조지역 혹은 반건조지역과 반습윤지역을 통과하기 때문이다. 더욱이 황하는 하천수의 양이 불안정하다. 특히 물의 양이 가장 많은 계절이 여름철과 가을철이라는 점도 중요한 특징이다. 따라서 이 계절에는 황하 유역의 홍수를 피할 수 없다. 황하의 이러한 특징은 식물의 생장에도 큰 영향을 미친다. 황하유역은 논농사의 양자강과 달리 밭농사가 중심이다. 지금도 황하를 중심으로 엄청난 밭농사가 이루어지고 있다. 이러한 황하의 밭농사는 이 지역에 살고 있는 삶에 절대적인 영향을 주었다.

황하의 홍수는 황하의 생성부터 시작되었지만, 근대시기의 홍수만 살펴봐도 피해 규모를 짐작할 수 있다. 특히 1840년 영국과 중국 간의 아편전쟁 직후 1841-1843에 걸친 황하의 범람은 전쟁의 충격과 더불어 중국에 큰 고통을 안겼다. 1841년에는 하남 상부(祥符)에서, 1842년에는 강소성 도원(桃源)에서, 1843년에는 하남성 중모(中牟)에서 홍수가 발생했다. 3차례에 걸친 황하의 홍수는 하남, 안휘, 강소, 산동, 호북, 강서 등지에 엄청난 피해를 주었다. 도광제에게 아편전쟁 해결의 명령을 받은 임칙서는 하남성 개봉에 도착해서 황하의 참담한 홍수 장면을 보고 1841년 8월 19일에 시를 남겼다.[4] 이처럼 1841년 황하의 홍수도 여름에 발생했다.

함풍제가 등장한 후에도 황하의 홍수는 계속되었다. 특히 1855년의 황하 홍수는 황하의 물길을 크게 바꿔놓았다. 물론 그 동안에도 황하는 기원전 602년부터 19세기 중엽까지 26차례나 물길이 바뀌었다.[5] 이 당시 홍수로 산동성의 피해가 가장 컸다. 산동성의 피해가 가장 큰 것은 황하의 하류였기 때문이다. 산동성은 다른 지역에 비해 홍수만이 아니라 각종 재해를 가장 많이 입었던 곳이다. 이런 점에서 산동성의 주민들은 중국 전역의 주민들 중에서도 재해의 고통을 가장 심하게 받았다. 청대(순치 원년-도광 19년) 각 성(省)의 재해 관련 통계만 봐도 산동성이 단연 재해 으뜸 지역이다.[6] 산동성의 재해 빈도가 다른 지역에 비해 높다는 것은 단순히 황하 하류에 위치했다는 지리적인 요인 때문이 아니다. 재해는 지리적인 측면 이외도 다양한 요인이 작용하기 때문이다. 그 중에서도 중앙과 지방정부의 정책과 밀접한 관계가 있다. 황하의 범람은 단순히 특정 시기에 비가 많이 내린 탓만이 아니라 홍수를 조절하거나 방지하는 대책에 따라서 크게 달라질 수 있다. 특히 중국 전통시대의 재해는 관료제도의 운용 여하에 따라 결과가 크게 달라진다.

홍수를 비롯한 재해는 다양한 측면에 영향을 주지만, 무엇보다도 인구문제에 큰 영향을 준다. 나는 강소성을 대상으로 재해의 영향을 검토한 적 있

4 李文海 外,『中國近代十代災荒』, 上海人民出版社, 1994, p.2.

5 李文海 外, 위의 책, p.28.

6 李向軍,『淸代荒政硏究』, 中國農業出版社, 1995, p.214.

지만, 특히 홍수는 홍수지역민들에게 상상 이상의 고통을 안겨준다. 심할 경우에는 사람을 잡아먹기까지 한다. 황하는 재해로 인한 아주 끔찍한 결과를 자주 가져다주었다. 청대의 황제들이 거주했던 북경도 홍수에서 자유롭지 못했다. 특히 산동의 재해민들이 큰 고통을 받았던 이유 중 하나도 황제가 거주하는 북경과 무관하지 않았다. 북경이 위치한 곳이 직례(直隷), 즉 하북성(河北省)이다. 프랑스의 중국사학자인 P.E. 빌은 재해가 인간에게 미치는 영향을 구체적으로 분석했다.[7] 가장 큰 영향은 사망이다. 인간의 사망 원인은 질병을 비롯해서 아주 다양하지만 재해로 인한 작황 실패와 경제혼란도 중요한 요인이다. 특히 홍수는 식량부족으로 인한 인간의 영양부족을 야기하지만 심지어 질병까지 유발한다. 홍수가 가뭄에 비해 인간에게 더욱 위험한 것도 이 부분이다.

4 —— 중국 역사의 오메가: 화산 · 항산 · 숭산 · 태산

산은 강과 더불어 중국의 역사 형성에 매우 중요하다. 중국인들의 산에 대한 인식 중 가장 중요한 것은 '오악사상(五嶽思想)'이다. 오악사상은 전국시대 오행 사상과 더불어 형성되었다. 동악은 산동성의 태산(泰山), 서악은 섬서성의 화산(華山), 남악은 호남성의 형산(衡山), 북악은 산서성의 항산(恒山), 중악은 하남성의 숭산(嵩山)이다.

---

7 P.E. 빌 지음, 정철웅 옮김, 『18세기 중국의 관료제도와 자연재해』, 민음사, 1995, pp.50-58.

<사진 6> 형산

오악 중 동악과 중악에 대해서는 『이아(爾雅)』에 처음 등장하고, 나머지 삼악에 대해서는 『상서(尙書)』에서 확인할 수 있다. 오악 중 남악만 제외하면 모두 황하 유역에 위치하고 있는 것이 특징이다. 이는 황하 유역에 산이 많아서 생긴 것이기도 하지만, 황하 유역 중심의 중국 역사와도 무관하지 않다.

해발 2,154.9미터의 화산은 '기험천하제일산(奇險天下第一山)'이라는 별칭에서 알 수 있듯이, 오악 중에서도 가장 험준한 산이다. 『해국도지(海國圖志)』의 저자인 청나라 위원(魏源, 1794-1857)은 '화산여립(華山如立)'으로 화산의 특징을 묘사했다. 이 말은 화산이 마치 서 있는 듯하다는 뜻이니, 얼마나 우뚝하면 이처럼 표현했을까. 화산의 험준함은 이름에서도 알 수 있다. 화산의 '화'는 꽃을 의미하지만, 기암절벽의 바위가 마치 꽃처럼 보여서 붙인 이름이다. 중국을 상징하는 '중화(中華)'의 '화'도 여기서 유래했다. 중화의 '중'은 현재 하남성을 중심으로 산동성 서부, 섬서성 동부에 걸친 황하의 중·하류 유역이다. 이 지역은 주나라의 세력범위였다.

서악의 화산은 험준한 곳으로도 유명하지만, 중국 고대의 인물과 사상을 낳았다. 특히 화산은 '삼황오제(三皇五帝)'가 살았던 곳이었다. 삼황오제는 보통 전설상의 인물로 이해하고 있지만, 『사기』에 기록하고 있는 것처럼 중국인들은 지금도 숭배하고 있다. 전설적인 인물은 후세 사람들이 창조한 것이지만, 창조의 필요성을 생각하면 전설도 중요한 역사적 사실이다. 특히 창조한 인물의 역할을 꼼꼼하게 검토하면 왜 인간이 그런 전설이 만들었는지를 알 수 있다. 삼황오제 중 삼황은 복희씨, 신농씨, 여와씨 이며, 천황(天皇)·지황(地皇)·인황(人皇)이라 부른다. 여신인 여와씨는 흙으로 사람을 만들었으며, 복희씨는 사람들에게 물고기 잡는 법을 전수했으며, 신농씨는 농사법을 가르쳤다. 이처럼 삼황은 인간의 탄생과 인간이 살아가는 법을 가르친 존재들이다. 인간은 문자를 만들고 난 후 자신이 어떻게 탄생했는지, 무엇을 먹고 살았는지를 설명할 수 있는 방법을 찾았다. 신화와 전설은 이런 과정에서 탄생했으며, 신화와 전설의 내용은 곧 신화와 전설을 만든 사람들의 현주소를 담고 있다. 따라서 신화와 전설에 등장하는 인물이 실존했느냐의 문제는 크게 중요하지 않다. 왜냐하면 실존의 근거를 찾을 수 없기 때문이다. 그러나 오히려 신화와 전설의 내용과 그와 관련한 각종 흔적들이 중요한 근거이다. 오제는 황제헌원, 전욱고양, 제곡고신, 제요방훈, 제순중화이다. 중국은 현재 황제헌원을 비롯해서 오제에 대해서도 실존인물처럼 숭배하고 있다. 더욱이 삼황오제가 화산을 중심으로 살았다는 사실을 기억할 필요가 있다.

〈사진 7〉 화산

화산은 중화민족의 뿌리이다. 중국의 역대 왕조의 최고 통치자들이 화산에 오르거나 화산을 향해 제사를 지낸 것은 당연한 일이었다. 중국의 역대 왕중에서 56명의 황제가 화산을 순유하고 제사를 지낸 것만 봐도 화산이 중국사에서 차지하는 비중을 짐작할 수 있다. 중국 고대의 신화집인 『산해경(山海經)』에는 화산, 즉 태화산은 사방에 솟고 그 높이 5,000길에 이르며 10리에 뻗어있다고 할 만큼 고대인들에게는 상상할 수 없을 만큼 거대한 높이였다. 그러니 이런 곳에 인간이 범접할 수 없는 존재들이 살고 있다고 상상한 것은 어쩌면 아주 자연스러운 현상이다. 화산은 도교의 성지이다. 주나라 말기부터 도교신자들이 이곳에 찾아서 운대관(雲臺觀)에 도장(道場)을 설치했고, 금나라와 원나라 때에 이르러 도교의 전진파(全眞派)의 발상지 도량[道場]이 만들어졌다. 화산에는 도관(道觀)이 20여개가 있을 정도이다. 특히 화산의 루관대(樓觀臺)는 도교의 시조인 노자가 『도덕경(道德經)』을 얘기한 장소다. 그래서 이곳에는 '도교천하제일지(道敎天下第一地)'라는 글자와 함께 5,000자에 이르는 『도덕경』의 내용도 새겼다. 루관대의 설경대 앞에는 '상선지(上善池)'라는 샘물이 있다. 상선지의 '상선'은 『도덕경』의 '상선약수(上善若水)'에서 빌린 말이다. 설경대 북쪽 종성궁(宗聖宮) 유적지에는 측백나무 노거수 9그루가 있다. 그 중 한 그루는 노자가 소의 고삐를 매두었던 측백나무 해서 '계우백(系牛柏)'이라 하고, 다른 세 그루의 소나무는 독수리와 같다고 해서 '삼응백(三鷹柏)'이라 부른다.

해발 2,016.1미터 북악 항산은 원악(元岳) 또는 상산(常山)이라 부른다. 항산은 중국 중세시대 북위의 수도였던 산서성 대동시 혼원현에 위치한다. 대동에는 중국 삼대 석굴 중 하나인 운강석굴로 유명하다. 특히 항산은 순임금이 이곳을 순유하면서 북악으로 봉했다는 얘기가 전한다. 아울러 '팔선(八仙)'의 하나인 장과로(張果老)가 이곳에서 수행했던 곳이다. 그래서 항산에는 서한 초부터 사묘(寺廟)가 들어서면서 명청대에 이르기까지 '삼사사사구정각(三寺四祠九亭閣)', '칠궁팔동십이묘(七宮八洞十二廟)'라고 불릴 만큼 수많은 사묘가 들어섰다. 특히 북위 후기 절벽에 세운 현공사(懸空寺)는 아주 기이하다.

해발 1,491.7미터 중악 숭산은 크게 소실산(少室山)과 태실산(太室山)으로 나눈다. 숭산은 소실산 내에 위치한 소림사(少林寺)로 유명하며, 2004년 2월 13일 유네스코가 지정한 세계지질공원이다. 숭산도 30여 명의 황제(皇帝), 150여 명의 저명한 문인들이 직접 찾았을 만큼 저명하다. 그 중에서도 진나라 때의 중악묘(中嶽廟)가 위치하고 있다.

해발 1,545미터 동악 태산은 순임금이 순유 때 오악 중 가장 먼저 봉한 전설이 전할 만큼 성스러운 산이다. 그래서 진나라와 한나라를 비롯해 중국의 역대 황제들이 봉선(封禪)의 의식을 행했다. 특히 진시황제는 봉선을 시도

할 때 가여(駕輿), 즉 가마가 통과하는 참도(參道)를 만들었다. 현재 산정까지 7,000여단의 석단이 이어져 있다. 아울러 태산은 민간신앙의 성지였다. 사람들은 '태산부군(泰山府君)'이 사람의 수명을 관장하며, 죽은 사람의 영혼이 여기로 돌아와 생전의 행위의 선과 악을 재판받는다고 믿었다. 그래서 태산에는 도교의 최고신인 옥황대제를 제사하는 옥황묘와 여신의 벽하원군을 제사하는 벽하사가 정상 부근에 있다. 진시황제의 「태산각석」은 현재 남아 있지 않다. 태산은 도교의 본산으로도 유명하다.

〈사진 8〉 숭산

〈사진 9〉 태산

〈사진 10〉 태산 옥황묘

〈사진 11〉 진시황제가 태산 봉선때 벼슬을 내린 소나무

Chapter 02

황토고원의 식물 분포

1. 고대의 식물 분포
2. 중세의 식물 분포
3. 근대의 식물 분포

2장 : 황토고원의 식물 분포

1 —— 고대의 식물 분포

(1) 하대~춘추 · 전국시대의 나무 개관

중국 고대사회에서도 주나라 이전의 나무 분포를 이해하기 위해서는 우선 고고학 자료를 이용해야 한다. 최근에는 과학기술의 도움으로 고대사회의 식물에 대해서도 많은 정보를 얻을 수 있다. 특히 관중지역은 기후가 온난해서 식물이 살기에 아주 적합했던 곳이었다. 관중지역은 중국 구석기시대 난전(藍田) 원인(猿人)이 살았던 곳이다. 이 시대의 기후도 나무가 자라기에 아주 적합한 온난·습윤한 하남과 거의 같았다. 식물의 포자(胞子) 분석 결과, 주나라 이전 혹은 주나라시대 관중지역의 대표적인 나무는 소나뭇과의 소나무, 측백나뭇과의 측백나무, 가래나뭇과의 호두나무, 자작나뭇과의 자작나무, 녹나뭇과의 후박나무, 뽕나뭇과의 닥나무 등이었다.[1]

우선 소나무는 현재도 섬서성 서안 어디서든 쉽게 찾아볼 수 있다. 따라서 소나무는 중국의 경우 구석기시대부터 지금까지 몇 십 만 년 전부터 지금까

---

1 최덕경, 『중국고대 산림보호와 환경생태사 연구』, 신서원, 2009, p.109.

지 중국인의 삶과 함께 하고 있는 나무이다. 이 같은 소나무의 역사성은 중국의 역사에 큰 영향을 주었다. 중국 북송시대 왕안석(王安石, 1021–1086)에 따르면, 소나무의 한자 송(松)은 목(木)과 공(公)의 합성어이며, 소나무의 한자에 '공'을 넣은 것은 이 나무의 위치가 주나라의 신분 중 하나였던 제후(諸侯)의 '공작'에 해당한다고 여겼기 때문이다.[2] 그러나 주나라 시대의 소나무는 공작보다 높은 최고 통치자인 천자(天子)의 무덤에 심었던 나무였다.[3] 소나무는 중국 전역에 살지만 진나라의 수도였던 함양이나 한나라의 수도였던 장안 등지에서 각광받았던 나무였다. 특히 진나라는 그 어느 왕조보다 소나무를 선호했다. 그래서 수도 함양의 가로수를 소나무로 삼았다. 현재 서안의 중심가를 비롯한 곳곳에서 소나무 가로수를 만날 수 있다. 이는 현재의 중국정부가 진나라의 소나무에 대한 인식을 계승한 것이다.

서안에서 진나라와 관련한 유적지 중에서 가장 관심을 끄는 것은 병마용이다. 중국의 관광객 중에서 병마용 관람객은 셀 수 없이 많다. 나도 서안을 방문했을 때 이곳을 찾았다. 내가 이곳을 찾아서 가장 먼저 확인한 것은 입구의 소나무 숲이었다. 병마용 기념관 앞에는 꽤 큰 규모의 소나무 숲을 조성했다. 그러나 아직 나무가 그다지 크지 않은 점으로 보면 소나무를 조성한 시기는 결코 길지 않았다. 병마용갱이 1974년에 발견되었던 점을 감안하면 이곳의 소나무 숲은 그 이후에 조성되었다. 다만 한 가지 분명한 것은 중국 정부가 병마용갱의 기념관을 만들면서 진나라의 역사성과 깊은 관계를 맺고 있는 소나무를 상징 나무로 심었다는 사실이다. 나는 중국의 이러한 나무 심기를 '사료의 복원화'이자 '현장의 사료화'라고 부르고 싶다. 식물을 사료의 일부로 생각하면 이 같은 작업도 큰 역사적 의미를 갖지만, 식물을 사료로 인식하지 않으면 역사 속에 중요한 의미를 지닌 나무는 영원히 재생하지 못한다.

내가 서안에서 확인한 소나무를 상징나무로 삼은 곳은 당나라 측천무후

---

2 李時珍, 『本草綱目下』, 人民衛生出版社, 2002, p.1917.

3 반고 저, 신정근 역주, 『백호통의』, 소명출판, 2005, p.452.

의 황릉 앞이었다. 중국 최초이자 유일한 황제였던 측천무후의 황릉은 중국 황제의 무덤처럼 큰 산이지만 황릉 앞에는 가지런하게 소나무를 심었다. 아직 소나무의 나이는 많지 않지만 분명 의도적으로 황제를 상징하는 소나무를 심었다는 사실을 확인할 수 있었다. 측천무후의 황릉으로 가는 길에는 향나무를 비롯해 배롱나무 등 다양한 나무들을 만날 수 있지만, 유독 황제의 무덤 근처에 소나무를 집단으로 심은 것은 황제의 권위를 상징하는 소나무의 문화성과 역사성을 계승한 증거다. 소나무가 최고 권력자의 권위를 상징하는 것은 늘푸른나무라는 점 때문이다.

〈사진 12〉 측천무후 황릉 앞 측백나무

〈사진 13〉 측천무후 황릉 앞 소나무

중국의 황제들이 소나무를 자신의 권위를 상징하는 나무로 삼은 것은 자신의 권력도 소나무처럼 변함없길 바라는 욕망 때문이었을 것이다. 아울러 소나무는 『이아』에서 소나무와 측백나무를 '무(茂)'라 불렀던 데서 알 수 있듯이,[4] 무성한 나무의 상징이었기 때문이다. 갈잎나무는 잎이 달려 있을 때는 무성하지만 떨어지면 앙상해서 최고 권력자들이 자신의 상징으로 선호할 수 없다. 소나무의 또 다른 상징성은 『논어』에서 확인할 수 있다. 『논어』에는 결코 많은 나무가 등장하지 않지만,[5] 다음에서 보듯 공자의 소나무에 대한 인식은 이후 엄청난 영향을 주었다.

> 날씨가 추운 뒤에 소나무와 측백나무가 뒤에 시든다는 것을 안다.
> / 歲寒然後知松柏之後彫[6]

『논어』에 등장하는 소나무와 측백나무는 황토고원의 나무를 상징한다고 해도 과언이 아니다. 그 중에서 공자가 언급한 소나무는 이 나무를 동북아시아에서 절개의 상징으로 만드는데 결정적인 역할을 담당했다.[7] 그러나 소나무는 군자의 절개를 상징하는 '사군자'에는 포함되지 않았다. 명나라 때 정립된 사군자에 소나무를 넣지 않은 것은 아마도 소나무가 중국 전역을 대표하는 나무로 보지 않았기 때문일 것이다. 그래서 소나무는 사군자가 아닌 '세한삼우(歲寒三友)'에 매화와 대나무와 함께 들어갔다. 공자가 자신의 철학을 표현할 때 소나무와 측백나무를 언급한 것은 기본적으로 자신이 살았던 산동지역에 이 나무가 흔했기 때문일 테지만, 이 두 종류의 나무를 제외하면 중국 북부지역에서 지식인의 상징으로 삼을 수 있는 나무를 찾기란 결코 쉽지 않다.

---

4 이충구·임재완·김병헌·성당제 역주, 『이아주소5』, 소명출판, 2004, p.107.

5 강판권, 『공자가 사랑한 나무 장자가 사랑한 나무』, 민음사, 2003 참조.

6 『論語·子罕』.

7 소나무의 한중일 문화코드에 대해서는 이어령, 『소나무』, 종이나라, 2005 참조.

〈사진 14〉 공자의 무덤

〈사진 15〉 공자무덤 앞 측백나무

『논어』에 소나무와 함께 등장하는 측백나무는 관중을 대표하는 나무이자 중국 북부를 상징하는 나무다. 측백나무는 소나무보다 중국 북부를 상징하는 대표적인 나무였다. 그래서 나는 중국 북부의 왕조를 나무로 표현한다면 주저 없이 '측백나무의 나라'로 부르고 싶다. 그 이유는 중국 북부의 경우 측백나무가 살기에 적합한 토양일 뿐 아니라 중국에서 가장 오래 살고 있는 나무가 측백나무이자 중요한 유적 공간에서 집중적으로 측백나무의 존재를 확인할 수 있기 때문이다. 측백나무의 존재 가치에 대해서는 왕안석의 글에서 엿볼 수 있다. 그에 따르면 측백나무는 나무 '목(木)'과 '백(白)'의 합성어이고, 백은 백작의 백(伯)이다.[8] 왕안석의 측백나무에 대한 해석은 측백나무를 제후의 무덤에 심었던 사례와 맞닿아 있다.

중국 북부에서 측백나무가 어느 정도의 위치를 차지하는지를 확인하는 방법 중 하나는 주요 문화유적지에서 이 나무를 살피는 것이다. 중국에서 가장 오래 살고 있는 측백나무는 서안 황제릉(黃帝陵) 경내의 5,000살 측백나무이다. 이곳의 측백나무가 실제 5,000살인지의 여부는 중요하지 않다. 아울러 이 나무 앞에 황제가 직접 심었다는 설명의 진위도 크게 중요하지 않다. 중국 고대의 오제(五帝) 중 황제헌원(黃帝軒轅)을 의미하는 황제도 실존 인물이 아니기 때문이다. 현재 중국의 고대유적지에는 사실을 증명할 수 없는 경우에도 사실인양 성역화한 사례를 자주 만날 수 있다. 황제릉도 같은 예에 해당한다. 다만 황제릉의 진위 여부는 물론 측백나무를 황제가 직접 심었는지의 진위보다 중요한 것은 이곳에 엄청난 나이를 먹은 측백나무가 실존한다는 사실이다. 나는 황제릉 앞의 측백나무의 실존 자체에 대해서는 그 누구도 부정할 수 없는 사실에 주목하고 싶은 것이다.

〈사진 16〉 황제릉 전경

8 李時珍, 앞의 책, p.1917.

〈사진 17〉 황제릉 측백나무

황제릉의 측백나무는 내가 그간 북경의 자금성(紫禁城)이나 천단(天壇)과 이화원(頤和園), 그리고 백림사(柏林寺) 등지에서 보았던 측백나무와는 차원이 달랐다. 늘푸른큰키 측백나무는 척박한 곳과 추운 곳에서도 잘 사는 나무이다. 측백나무는 황토고원을 비롯해 중국 북부 어느 곳에서도 잘 수 있는 나무이다. 중국 북부에서 가장 나이가 많은 측백나무가 지금까지 서안에서 살고 있는 것도 토양과 기후 조건이 잘 맞았기 때문이다. 황제릉의 측백나무는 나이가 많지 않은 측백나무와는 모습 자체가 달랐다. 우리나라의 식물도감에는 측백나무를 높이 25m, 지름 1m 자라는 큰키나무로 소개하고 있다.[9] 우리나라에도 측백나무를 흔히 만날 수 있다. 그 중에서도 대구광역시 동구 도동에는 우리나라 천연기념물 제1호 측백나무숲이 있다.[10] 이곳의 측백나무는 나이가 겨우 200살, 나무 높이는 7미터 미만이다. 우리나라 측백나무 중 경상북도 영양과 경상북도 안동, 그리고 충청북도 단양에도 천연기념물 숲이 있지만 사정은 대구의 측백나무와 비슷하다.

---

9 李昌福, 『大韓植物圖鑑』, 鄕文社, 1999, p.66.

10 대구 동구청과 경북대학교 산학협력단의 도동측백나무숲(3만7천714m^2) 조사에 따르면, 측백나무의 흉고단면적(가슴높이에서의 나무의 횡단면 면적)은 12.978m^2/ha로 2002년 12.527m^2/ha에 비해 0.451m^2/ha 늘어나는 데 그쳤고, 같은 기간 평균 흉고직경(가슴 높이에서 측정한 나무의 직경)도 11.38㎝에서 11.54㎝로 0.16㎝만 증가해 생장이 매우 불량한 것으로 드러났다(『每日新聞 2014년 12월 27일/http://www.imaeil.com/).

〈사진 18〉 천단

〈사진 19〉 천단의 측백나무

〈사진 20〉 이화원 측백나무

〈사진 21〉 자금성 측백나무

측백나무의 껍질은 회갈색이지만, 황제릉의 측백나무는 마치 불에 탄 듯 검다. 황제릉의 측백나무는 5,000살 한 그루만 살고 있는 것이 아니라 1,000살이 훨씬 넘은 측백나무가 여러 그루 살고 있다. 나는 같은 공간에서 이렇게 나이가 아주 많은 측백나무가 살고 있다는 것 자체가 믿기지 않았다. 황제릉에 이렇게 나이가 많은 측백나무가 살고 있다는 것은 적어도 두 가지 측면을 시사한다. 하나는 섬서 지역에는 아주 오래 전부터 측백나무가 많이 살고 있었다는 것을 의미한다. 설령 나무의 나이가 5,000살이 아니더라도 이곳의 측백나무는 적어도 역사시대부터 살고 있었다는 것을 의미한다. 다음은 이곳이 측백나무가 살기에 적합하다는 것을 증명한다. 한 그루의 나무가 수 천 년을 살기 위해서는 많은 나무들이 살아야만 한다. 그렇지 않으면 멸종했을 것이다. 따라서 이곳에 나이가 많은 측백나무가 많이 살고 있다는 것은 그만큼 생존 조건이 나쁘지 않다는 뜻이다. 현재도 중국 정부에서 황제릉 주변 산에 측백나무로 녹화사업한 흔적을 쉽게 볼 수 있다. 중국 정부가 이곳의 녹화사업에 측백나무를 선택한 것은 이 나무가 이곳에 살기에 적합했기 때문이다.

황제릉의 측백나무와 비슷한 나이의 측백나무는 섬서성만이 아니라 하남성의 숭산 자락에 위치한 숭양서원(嵩陽書院)에서도 만날 수 있다. 숭양서원은 중국 북송시대 3대 서원에 꼽힐 만큼 유명하지만, 숭양서원의 공간은 서원이 생기기 전부터 유명했다. 그 증거가 다름 아닌 측백나무들이다. 숭양서원의 측백나무에서 가장 나이가 많은 나무는 4,500살이다. 4,500살 나무는 두 그루이다. 이 나무는 높이가 20미터이다. 이곳 측백나무의 높이는 측백나무가 자랄 수 있는 최고치에 가깝다. 기원전 110년 한나라 무제가 숭산에 들렀을 때 이곳 나무의 위풍당당한 모습에 감동해서 '대장군(大將軍)'과 '이장군(二將軍)'의 벼슬을 내렸다. 숭양서원 이전 이곳은 숭양사(嵩陽寺)와 숭양관(嵩陽觀) 등이 있었던 불교와 도교의 성지였다. 숭양서원에는 4,500살의 측백나무만 사는 게 아니라 2,700살을 비롯해 1,000살이 넘는 측백나무가 여러 그루 살고 있다.

측백나무는 황하 하류에서도 쉽게 발견할 수 있다. 그 중에서도 석가장(石家莊) 조주(趙州)에 위치한 백림선사(柏林禪寺)는 사찰의 이름부터 측백나무를 상징한다. '백림'은 곧 '측백나무 숲'을 뜻한다. 실제 백림사 경내에는 측백나무로 가득하다. 특히 관음전 앞의 측백나무는 나이도 많지만 당나라 조주 스님의 '뜰 앞의 측백나무[庭前柏樹子]'로 유명하다.[11]

〈사진 22〉 숭양서원 입구

11 백련선사간행회, 『趙州錄』, 藏經閣, 1996, p.34. 『벽암록』에는 "뜰 앞의 측백나무"는 기록하지 않고 '조주의 큰 무' 내용만 수록했다[안동림 역주, 『벽암록』, 현암사, 2014, pp.191-193].

〈사진 23〉 숭양서원 2,700살 측백나무

〈사진 24〉 숭양서원 4,500살 측백나무

〈사진 25〉 백림사 관음전 측백나무

스님께서 법당에 나아가서 대중에게 말했다.

"이것은 아주 분명해서 격을 벗어난 장부라도 여기를 벗어날 수 없다. 내가 위산(潙山)에 갔을 때 한 스님이 위산 스님에게 '조사(祖師), 즉 달마대사가 서쪽에서 온 까닭이 무엇입니까'하고 묻자, 위산 스님은 '나에게 의자를 가져다주게' 했다. 종사라면 모름지기 본분의 일로 남자를 지도해야 한다."

그 때 한 스님이 물었다.

"조사가 서쪽에서 온 까닭이 무엇입니까?"

"뜰 앞의 측백나무"

"스님께서는 경계를 가지고 학인을 가르치지 마십시오."

"나는 경계를 가지고 학인을 가르치지 않는다."

"조사가 서쪽에서 온 까닭이 무엇입니까?"

"뜰 앞의 측백나무"

(하략)

"뜰 앞의 측백나무"는 중국 선종의 중요한 '화두(話頭)' 중 하나이다. 이 같은 화두가 탄생한 것은 바로 관음전 앞에 측백나무가 살고 있었기 때문이다. 북경에서도 나이가 적잖은 측백나무를 만날 수 있다. 그 중에서도 자금성 후원의 측백나무도 빼놓을 수 없다. 1407년 명나라 영락제가 14년에 걸쳐 만든 궁궐이었다. 영락제는 아버지인 홍무제, 즉 주원장의 4째 아들이었지만, 왕위를 찬탈하여 황제의 자리에 올랐다. 그는 아버지가 수도로 삼았던 남경(南京) 대신 자신이 머물렀던 북경을 수도로 삼았다. 자금성은 바로 영락제가 자신의 권력 기반이었던 북경에 세운 궁궐이었다, 궁궐 후원에 살고 있는 측백나무의 삶도 자금성의 건설과 함께 시작했는지 모른다. 궁궐로서는 세계 최대 규모를 자랑하는 자금성은 1961년 '전국중점문물보호단위'로 지정되었고, 1987년에는 '명·청 시대의 궁궐'로 유네스코의 세계문화유산으로 지정되었다. 영락제는 1420년에 천지단[天地壇, 지금의 천단(天壇)][12]을 만들었다. 천단 주위에는 상당한 규모의 정원을 조성했지만 대부분 측백나무이다. 천단 주변은 측백나무 숲이다. 중국 황실의 정원인 이화원은 만수산(萬壽山)과 곤명호(昆明湖)의 조화로 중국 정원의 진수이다. 1750년 건륭제가 만든 이화원은 1860년 제2차 중영전쟁[아편전쟁] 때 크게 파손되었던 것을 서태후가 1886년에 복원했다. 이화원의 긴 회랑(回廊)은 1861년 북경정변으로 권력을 잡은 서태후가 즐겨 찾았던 휴식 공간이었다. 회랑의 오른 편은 작은 도랑이며, 오른편은 곤명호이다. 그런데 회랑을 아름답게 만드는 것은 도랑과 곤명호만이 아니라 주변의 측백나무들이다. 이곳의 측백나무는 나무의 굵기로 보아 이화원을 복원하면서 심은 것 같다.

---

12 천지단은 하늘과 땅에 제사를 지내는 곳이다. 명나라 가정제(嘉靖帝)는 1530년에 하늘과 땅에 각각 별도의 제사를 올리기로 정하고, 중앙 건물의 남쪽에 원구단(圜丘壇), 즉 하늘에 제사를 지내는 곳을 만들었다. 이 때부터 천지단은 '천단'으로 부르고 있다. 아울러 북경의 북쪽에는 땅에 제사를 지내는 지단(地壇)이, 동쪽에는 태양에 제사 지내는 일단(日壇)이, 서쪽에는 달에 제사 지내는 월단(月壇)을 세웠다.

(2) 주대의 나무: 『시경』 속의 나무

주나라시대 황토고원의 나무에 대해서는 『시경(詩經)』에 크게 의존해야 한다. 『시경』은 중국 최초의 '식물백과사전'이자 황화유역의 식물정보를 담고 있기 때문이다. 『시경』의 중요성은 '오경(五經)' 중 하나라는 점만 봐도 충분히 짐작할 수 있지만, 나는 식물학적인 측면에서 『시경』의 가치를 강조하고 싶다. 『시경』은 춘추말에 살았던 공자가 305편으로 정리한 것으로 알려져 있는 데서 알 수 있듯이 춘추이전 시대의 식물 정보를 이해하는데 매우 중요한 자료다. 따라서 『시경』은 중국의 식물사에서 가장 오랜 시기의 자료이다.

『시경』에는 몇 종류의 나무가 있을까. 『시경』의 내용을 분석하면 나무의 종류를 쉽게 알 수 있을 것 같지만 결코 만만하지 않다. 고대사회의 식물에 대한 정보가 지금의 식물이름과 반드시 일치하지 않고, 같은 종류의 나무를 다른 이름으로 부르는 경우가 적지 않기 때문이다. 『시경』의 식물에 대해서는 중국과 우리나라에서도 꽤 많은 관심을 갖고 있었다. 왜냐하면 『시경』의 내용을 이해하기 위해서는 반드시 식물에 관심을 가져야 했고, 식물에만 관심을 가지더라도 반드시 먼저 『시경』의 식물에 대해 이해해야만 했기 때문이다. 중국의 경우 『시경』의 식물에 대한 연구는 서정(徐鼎)의 『모시명물도설(毛詩名物圖說)』을 꼽을 수 있다. 이 책은 청대 강남의 오현(吳縣) 출신의 서정이 1771년에 편찬한 것이다. 청대 고증학의 영향으로 편찬한 이 책의 중요성은 『시경』에 등장하는 동식물에 관한 설명이라는 점에서 '『시경』의 동식물백과사전'이라 부를 수 있다. 이 책의 또 다른 가치는 『시경』 각 장에 등장하는 동식물의 이름부터 특징과 더불어 그림까지 묘사하고 있다는 점이다. 아울러 이 책이 지니고 있는 장점은 동식물의 쓰임새와 오류까지 바로 잡고 있다는 점이다. 서정이 이처럼 아주 꼼꼼하게 『시경』의 동식물을 연구할 수 있었던 것은 선진(先秦)의 『산해경(山海經)』, 『이아(爾雅)』, 동진(東晋) 곽박(郭璞)의 『이아주소(爾雅注疏)』, 북송(北宋) 육전(陸佃)의 『비아(埤雅)』, 남송(南宋) 나원(羅願)의 『이아익(爾雅翼)』, 전한(前漢) 양웅(揚雄)의 『방언(方言)』, 남송(南宋) 주희(朱熹)의 『시전(詩傳)』 및 『금경(禽經)』, 전한(前漢) 유안(劉安)의 『회남자(淮南子)』, 위(魏) 장읍(張揖)의

『광아(廣雅)』, 후한(後漢) 허신(許愼)의 『설문해자(說文解字)』, 송(宋) 채원도(蔡元導)의 『명물해(名物解)』, 서진(西晉) 육기(陸機)의 『모시초목조수충어소(毛詩草木鳥獸蟲魚疏)』, 서진(西晉) 장화(張華)의 『박물지(博物志)』, 명(明) 이시진(李時珍)의 『본초강목(本草綱目)』 등을 참고했기 때문이다.

서정의 『모시명물도설』에서 '모시'는 『시경』의 별칭이다. 전한 노국(魯國)의 모형(毛亨)과 전한 조국(趙國)의 모장(毛萇)이 『시경』을 주석해서 생긴 이름이다. 두 사람을 구분하기 위해 모형을 '대모공(大毛公)', 모장을 '소모공(小毛公)'이라 불렀다. 후한(後漢)의 정현(鄭玄)도 『시경』을 주석했다. 그래서 『시경』을 '모정시(毛鄭詩)'라 부른다. 『모시명물도설』은 『시경』의 내용을 동식물로 구분하고, 동물과 식물도 각각 분류했다. 분류 내용은 조(鳥)·수(獸)·충(蟲)·어(魚)·초상(草上)·초중(草中)·초하(草下)·목상(木上)·목하(木下) 등이다. 내용 중 가장 많은 분량을 차지하는 것은 풀이고, 그 다음이 나무다. 따라서 『시경』에는 식물이 차지하는 비중이 아주 높다.

『모시명물도설』에 등장하는 나무의 종류는 다음과 같다. 복사나무[도(桃)]를 비롯해서 가시나무[초(楚)]·팥배나무[감당(甘棠)]·매실나무[매(梅)]·산앵도나무[당체(唐棣)]·오얏나무[이(李)]·가시나무[극(棘)]·밤나무[율(栗)]·의나무[의(椅)]·오동나무[동(桐)]·개오동[재(梓)]·옻나무[칠(漆)]·뽕나무[상(桑)]·향나무[회(檜)]·소나무[송(松)]·모과나무[목과(木瓜)]·구기자[기(杞)]·참빗살나무[단(檀)]·무궁화[순(舜)]·버드나무[류(柳)]·멧대추나무[극(棘)]·개암나무[진(榛)]·느릅나무[추(樞)]·북나무[고(栲)]·감탕나무[뉴(杻)]·산초나무[초(椒)]·버드나무[양(楊)]·개오동[조(條)]·참빗살나무[박(駁)]·돌배나무[수(檖)]·흰느릅나무[분(枌)]·팥배나무[울(鬱)]·대추나무[조(棗)]·가죽나무[저(樗)]·산이스랏나무[상체(常棣)]·멀구슬나무[기(杞)]·호깨나무[구(枸)]·광나무[유(楰)]·닥나무[곡(穀)]·멧대추나무[이(桋)]·떡갈나무[작(柞)]·두릅나무[역(棫)]·싸리나무[고(楛)]·산밤나무[열(栵)]·위성류[성(檉)]·느티나무[거(椐)]·산뽕나무[염(檿)]·산뽕나무[자(柘)]·오동나무[오동(梧桐)]·측백나무[백(柏)]·상수리나무[허(栩)][13]

13　서정 지음, 매지고전강독회 옮김, 『모시명물도설』, 소명출판, 2013, p.9.

『모시명물도설』에 등장하는 나무는 전체 52종류이지만, 중복 나무를 제외하면 50종이다. 그러나 『모시명물도설』에서 소개한 나무 중에는 『시경』에 등장하는 나무가 빠진 게 적지 않다. 그 이유는 서정이 식물 분류학을 정확하게 몰라서 나무를 풀에 분류했기 때문이다. 예컨대 초상(草上)의 칡[갈(葛)], 초하(草下)의 담쟁이덩굴[조(蔦)]·소나무겨우살이[여라(女蘿)]·능소화[초(苕)] 등은 나무인데도 풀로 분류했다. 아울러 『모시명물도설』에는 『시경』에 나오는 나무를 소개조차 하지 않은 것도 있다. 예컨대 『시경』의 여러 곳에서 등장하는 등(藤)나무는 빠져 있다. 이처럼 『시경』에는 55종의 나무가 등장한다.

〈사진 26〉 담쟁이 덩굴

우리나라의 경우 『시경』의 식물에 대한 연구는 다산 정약용의 둘째 아들인 정학유(丁學游)의 『시명다식(詩名多識)』을 들 수 있다.[14] 한글용 『농가월령가(農家月令歌)』의 저자이기도 한 정학유는 정약용이 강진 유배지에서 보낸 편지에서 등장하지만, 그 외에는 잘 알려진 바 없는 학자였다. 정학유가 세상에 잘 알려지지 않은 것은 정약용이 편지에서 자주 언급하고 있는 것처럼 아버지의 유배로 폐족(廢族)이었기에 벼슬길에 나아갈 수 없었기 때문이다. 그래서 그는 아버지의 가르침대로 공부에 열중하면서 『시명다식』과 『농가월령가』를 지었다. 그가 남긴 두 작품은 농업과 관련되어 있다는 공통점을 갖고 있다. 『시명다식』의 '다식'은 『논어·양화(陽貨)』에 나오는 "조수초목의 이름을 많이 알 수 있다[多識於鳥獸草木之名]"에서 빌린 것이다. 날짐승과 길짐승, 그리고

14 정학유 지음, 허경진·김형태 옮김, 『詩名多識』, 한길사, 2007.

풀과 나무는 전통시대에서 농업에 속한다. 이처럼 정학유가 시경의 동식물과 농업에 큰 관심을 가진 것은 아버지인 정약용의 영향이 매우 컸다. 정약용은 백성들의 삶에 큰 관심을 가지고 있었을 뿐 아니라 삶을 개선할 구체적인 방법을 제시했다. 정약용은 유배지에서도 자식들에게 보낸 편지에서 자신의 철학을 자주 강조했다. 그래서 정학유의 작품에는 정약용의 가르침도 들어 있는 셈이다. 정학유의 호가 운포(耘逋)이고, 정약용의 처음 호가 귀농(歸農)이라는 사실도 부자간의 공유의식을 읽을 수 있다.

정학유가 『시명다식』에 참고한 자료는 서정이 『모시명물도설』에서 참고한 자료와 크게 다르지 않다. 정학유도 당시 청나라 학자들이 활용한 자료를 충분히 이용하고 있었던 것이다. 이러한 사실은 조선시대의 학자들도 중국의 자료를 충분히 습득하고 있었다는 것을 보여준다. 『시명다식』은 식초(識草)·식곡(識穀)·식목(識木)·식채(識菜)·식조(識鳥)·식수(識獸)·식충(識蟲)·식어(識魚)로 구성되어 있다. 이러한 구성은 서정의 『모시명물도설』과 조금 다르다. 「식목」에는 63종의 나무를 소개하고 있다. 이처럼 『시명다식』의 나무 종류와 『모시명물도설』의 나무 종류가 다른 것은 나무에 대한 인식의 차이 때문이다. 두 작품 간의 나무를 비교하면 다음과 같다.

우선, 공통 나무는 복숭아, 가시나무[모형], 팥배나무, 매실나무[감당(甘棠)], 자두나무, 측백나무, 개암나무, 밤나무, 의나무, 오동나무, 옻나무, 뽕나무, 소나무, 모과, 무궁화, 버드나무[류(柳)], 감탕나무, 상수리나무, 버드나무[양(楊)], 개오동, 흰느릅나무, 팥배나무[울(鬱)], 대추나무, 가죽나무, 구기자, 산이스라지, 광나무, 닥나무, 싸리, 산밤나무, 산뽕나무, 오동나무[오동(梧桐)], 개오동(노나무) 등 32종이다. 두 작품 간에 이처럼 나무의 종류가 상당히 다른 것은 같은 한자를 다른 나무로 번역했기 때문이다. 이 문제는 중국의 나무를 이해하는데 매우 중요한 부분이기 때문에 면밀한 검토가 필요하다. 왜냐하면 같은 한자를 전혀 다른 나무로 인식한다는 것은 단순히 한 종류의 나무에 대한 이해에 그치지 않고 『시경』의 내용을 이해하는 데까지 큰 영향을 미치기 때문이다.

같은 한자를 다른 나무로 이해하고 있는 나무 중 당체를 꼽을 수 있다.

『시경·소남(召南)·하피농의(何彼襛矣)』에 등장하는 '당체(唐棣)'에 대해 『모시명물도설』의 번역에서는 '산앵두나무'로 풀이했지만, 『시명다식』에서는 '산사나무'로 풀이했다. 산앵두나무와 산사나무는 장미과라는 점에서는 같지만 전혀 다른 나무이다. 서정은 『모시명물도설』에서 당체를 '이(移)'로 풀이했다.[15] 이 같은 풀이는 『이아』의 내용과 같다. 서정은 당체를 『이아』의 내용을 따르고 있다. 당체에 대해서는 『이아소』에 아주 자세하다. 『시명다식』에서는 주자의 설명에 의지하고 있다. 주자는 '체(棣)'라 보았다. 체는 산앵두나무를 의미한다. 그런데 산앵두와 산이스라지는 거의 구분할 수 없을 만큼 닮았다. 따라서 당체는 '산이스라지' 혹은 '산앵두나무'를 의미한다. 그러나 『시명다식』의 번역자는 주자가 당체를 '체'로 풀이한 것 '체'를 '산이스라지나무'와 '산앵두나무'로 번역하고서도 산사나무로 번역하는 오류를 범했다.[16] 갈잎떨기나무 산이스라지와 산앵두나무는 장미과의 벚나무, 조팝나무, 매화, 살구처럼 꽃이 잎보다 먼저 핀다. 『시경·소남·하피농의』의 내용은 다음과 같다.

> 어쩌면 저렇게 고울까? 산이스라지꽃 같구나 / 何彼襛矣, 唐棣之華
> 얼마나 위엄 있고 부드러운가! 공주의 수레같구나 / 曷不肅雝, 王姬之車
> 어쩌면 저렇게 고울까? 복사꽃과 자두꽃 같구나 / 何彼襛矣, 華如桃李
> 주나라 평왕의 손녀가 제나라 아들에게 시집가는 날 / 平王之孫, 齊侯之子
> 낚시는 어떻게 하지? 실로 낚시줄을 만들어야지 / 其釣維何, 維絲伊緡
> 제나라 왕자에게 평왕의 손녀가 시집가는 날 / 齊侯之子, 平王之孫

다음은 『시경·패(邶)·개풍(凱風)』에 등장하는 '극(棘)'에 대한 해석이다. 『모시명물도설』의 번역자는 '극'을 '가시나무'로 번역했다.[17] 서정은 극을 주자의 『집전』에서 언급한 내용을 수용했다. 즉 "극은 작은 나무이니, 떨기로 자라

15 서정, 앞의 책, pp.419-420.

16 정학유, 앞의 책, p.230.

17 서정, 앞의 책, p.423.

고 가시가 많으며 자라기 어렵다."[18] 『시명다식』에서도 주자의 해석을 인용했다.[19] 그러나 『시명다식』의 번역자는 '극'을 '묏대추'로 번역했다. 두 작품에서 주자의 해석을 수용했지만 번역자들은 다른 나무로 풀이했다. '극'은 과연 무슨 나무인가? 우선 극이 '가시나무'라는 번역은 옳지 않다. 극을 가시나무로 번역한 것은 단순히 '극'을 '가시'로 풀이한데 지나지 않고, 특정 나무를 의미하는 번역이 아니기 때문이다. 더욱이 극을 '가시나무'로 번역하면 참나뭇과의 늘푸른큰키나무로 오해할 여지도 없지 않다. 그러나 '극'은 결코 늘푸른큰키나무인 가시나무를 의미하지 않는다. '극'을 이해하기 위해서는 양웅의 『방언』에서 언급한 내용을 참고할 필요가 있다.

> 모든 풀과 나무 중 사람 찌르는 것을 북연과 조선 사이에서는 '자(刺)'라하며, 함곡관부터 동쪽까지는 '경(梗)'이라 하며, 함곡관부터 서쪽까지는 '자(刺)'라 하며, 양자강과 상강(湘江)에서는 '극'이라 한다.[20]

양웅의 지적에 따르면 극은 양자강과 상강, 즉 호남성 사이에서 불렀던 '가시'의 용어이다. 서정은 『모전』의 내용을 인용하여 '극'을 '조(棗)'와 같은 의미로 이해했다.[21] 서정이 '극'을 '조'와 같은 나무로 파악한 것은 '극'을 '대추나무'와 연관해서 이해했다는 사실이다. 『시명다식』에서도 '극'을 '조'와 같으면서도 "가시가 많고, 나무가 단단하며, 색깔은 붉다."[22]고 했다.[23] 따라서 '극'은 열매가 굵은 대추[대조(大棗)]가 아니라 열매가 작고 가시가 많은 묏대추, 즉 산에서 자라는 '야생대추'를 의미한다. 원나라 때 유관(柳貫)이 편찬한

18 서정, 앞의 책.
19 정학유, 앞의 책, p.236.
20 서정, 앞의 책, p.423.
21 서정, 앞의 책.
22 정학유, 앞의 책, p.236.
23 열매의 색깔이 흰 것을 '백극(白棘)'이라 불렀다. 백극에 대해서는 李時珍, 앞의 책, pp.2090-2092.

『타조보(打棗譜)』에는 73종의 대추나무 종류가 등장한다.[24] 『이아』에서도 여러 종류의 대추나무를 소개하고 있다. 그 중에서도 '이(樲)'는 '멧대추'를 의미한다. '이'는 열매에서 신맛이 나는 '산조(酸棗)'라 부른다.[25] 이에 대해서는 『맹자』에서도 확인할 수 있다.

> 지금 장사(場師), 즉 원예사가 오동나무와 개오동을 버리고 멧대추[이자(樲刺)]를 기른다면 값어치 없는 원예사이다.[26]

『맹자』에 등장하는 이자는 멧대추를 의미한다. 『맹자』에서는 이자가 오동나무와 개오동보다 가치 없는 나무로 등장하지만, 전국시대에 멧대추가 일상에서 언급되고 있다는 정보를 얻을 수 있다. 『시경』이나 『맹자』에 등장하는 멧대추는 주나라의 신분질서를 이해하는데도 큰 도움을 준다. 서정의 『모시명물도설』에서도 언급하고 있는 것처럼 『주례·추관(秋官)·조사』에서 주나라 조정의 좌우 구경(九卿)의 자리에 아홉 그루의 가시나무를 심었다는 기록이 있기 때문이다.[27] 『시경』에 등장하는 멧대추에 대한 내용은 다음과 같다.[28]

> 따스한 바람이 멧대추에 불어와 / 凱風自南, 吹彼棘心
> 멧대추 파릇파릇하니 어머니의 노고가 생각하네 / 棘心夭夭, 母氏劬勞
> 따스한 바람이 남쪽에서 불어와 멧대추 가지에 불고 있네 / 凱風自南, 吹彼棘薪
> 어머니는 훌륭한 분이시나 우리 형제 중에는 훌륭한 사람 없네 /母氏聖善, 我無令人
> 맑은 샘물이 준(浚) 고을 아래에 흐르네 / 爰有寒泉, 在浚之下
> 아들 칠형제를 두었으니 어머니 고생하셨네 / 有子七人, 母氏勞苦
> 아름다운 꾀꼬리가 고운 소리로 지저귀네 / 睍睆黃鳥, 載好其音
> 아들 칠형제가 있으나 어머님 마음 위로하지 못하네 / 有子七人, 莫慰母心

---

24 강판권, 『역사와 문화로 읽는 나무사전』, 글항아리, 2010, p.906.

25 이충구·임재완·김병헌·성당제 역주, 앞의 책, p.62.

26 『맹자·고자상(告子上)』.

27 池載熙·李俊寧 解譯, 『周禮』, 자유문고, 2002, p.422.

28 『시경·패(邶)·凱風』.

다음은 『시경』에 등장하는 '회'(檜)에 대한 해석이다. 『모시명물도설』과 『시명다식』의 번역자는 모두 '회'를 '전나무'로 풀이했다.[29] 『모시명물도설』에서는 『모전』을 인용해서 '회'를 '측백나무의 잎에 소나무의 몸이다.'[30]라고 풀이했다. 아울러 '회'를 측백나무와 구분하기 위해 '원백(圓柏)'이라 불렀다.[31] 『시명다식』에서는 주자의 "회는 나무이름이니, 측백나무와 비슷하다."[32]는 풀이를 인용했다. 두 작품의 해석은 측백나뭇과의 향나무를 의미한다. 『시경』에 등장하는 향나무에 대한 내용은 다음과 같다.[33]

길고 긴 대나무 막대 들고 기수에서 낚시하고 있으나 / 籊籊竹竿, 以釣于淇
어찌 그대를 생각하지 않으리오. 멀어서 데려오지 못하는 거지 / 豈不爾思, 遠莫致之
샘의 원천은 왼쪽에서 흐르고, 기수는 오른 쪽에서 흐르네 / 泉源在左, 淇水在右
여자는 시집가면 부모형제와도 멀어지는 법 / 女子有行, 遠兄弟父母
기수는 오른 쪽에서 흐르고 샘의 원천은 왼쪽에서 흐르네 / 淇水在右, 泉源在左
생긋 웃을 때 고운 치아 달랑거리는 구슬찬 모습 그리워라/ 巧笑之瑳, 佩玉之儺
기수는 넘실넘실 향나무 노 달린 소나무 배가 떠 있네 / 淇水滺滺, 檜楫松舟
수레 타고 나가 놀면서 나의 시름이나 씻어보려나 / 駕言出遊, 以寫我憂

〈사진 27〉 향나무

〈사진 28〉 악록서원 카이즈카향나무

29 서정, 앞의 책, p.435; 정학유, 앞의 책, p.252.
30 서정, 앞의 책, p.435.
31 서정, 앞의 책.
32 정학유, 앞의 책, p.252.
33 『시경 · 위풍(衛風) · 죽간(竹竿)』.

다음은 『시경』에 등장하는 '단(檀)'에 대한 해석이다. 『모시명물도설』의 번역자는 '단'을 '참빗살나무'로,[34] 『시명다식』의 번역자는 '단'을 '박달나무'로[35] 풀이했다. 『모시명물도설』의 『모전』에서는 '단'을 "강하고 질긴 나무이다."[36]라고 풀이했다. 『모시명물도설』과 『시명다식』에서는 모두 육기의 말, 즉, "단의 껍질은 매우 푸르고 매끄러우며 윤이 나는데 계미(繫米)와 비슷하며, 박마(駁馬)와 비슷하다."[37] 두 작품에서 공통적으로 풀이하는 '단'은 단향과(檀香科)의 청단(青檀)을 의미한다.[38] 청단은 우리나라에서는 쉽게 볼 수 없다. 단목(檀木)에는 콩과의 자단(紫檀)과 황단(黃檀), 감나뭇과의 흑단(黑檀) 등 다양한 종류가 있다. 『시경』에 등장하는 청단에 대한 내용은 다음과 같다.[39]

> 꽝꽝 청단 베어 황하 가에 놓고 보니 / 坎坎伐檀兮, 寘之河之干兮
> 황하물만 맑고 물놀이치고 있네 / 河水清且漣猗
> (하략)

다음은 『시경』에 등장하는 '추(樞)'에 대한 해석이다. 『모시명물도설』의 번역자는 '추'를 '느릅나무'로,[40] 『시명다식』의 번역자는 '추'를 '시무나무'로[41] 풀이했다. 느릅나무와 시무나무는 모두 느릅나뭇과이다. 따라서 번역 상 오해할 수 있는 여지가 있다. 『모시명물도설』에서는 '추'를 『이아』에서 언급한 '치(莝)'와 '자유(刺楡)'로 풀이했다. 아울러 육기의 『모시초목조수충어소』의 내용을 인용하여 "바늘 모양의 가시는 산뽕나무[柘]와 같고, 잎은 느릅나무[유

34 서정, 앞의 책, p.443.
35 정학유, 앞의 책, pp.265-267.
36 서정, 앞의 책, p.443.
37 서정, 앞의 책;정학유, 앞의 책.
38 潘富俊, 『詩經植物圖鑑』, 上海書店出版社, 2003, pp.134-135.
39 『시경·위풍(魏風)벌단(伐檀)』.
40 서정, 앞의 책, p.443.
41 정학유, 앞의 책, p.273.

(楡)]와 같다."[42]고 풀이했다. 『시명다식』에서는 주자의 풀이를 인용했지만,[43] 『이아』의 풀이와 같다. 아울러 『시명다식』에서도 육기의 글을 인용하고 있다. 따라서 두 작품의 '추'에 대한 내용은 거의 비슷하지만 번역자들이 나무이름을 다르게 풀이했을 뿐이다. 두 작품에서 언급한 내용을 종합하면 '추'는 '시무나무'이다. 내가 시무나무로 판단한 것은 '추'를 느릅나무와 비교했기 때문이다. 『시경』에는 느릅나무를 의미하는 '유(楡)'도 '추'와 같은 구절에서 등장한다. 특히 시무나무는 느릅나무와 달리 가지에 긴 가시가 특징이다. 그래서 시무나무를 '가시느릅나무'라 불렀던 것이다. 시무나무는 이십 리마다 심었기 때문에 붙인 이름이다. 『시경』에 등장하는 시무나무에 대한 내용은 다음과 같다.[44]

> 산에는 시무나무 있고 저편에는 느릅나무 있네 / 山有樞, 隰有楡
> 그대는 윗옷과 치마도 있는데도 끌지도 않고 걸치지도 않고 / 子有衣裳, 弗曳弗婁
> 그대는 수레와 말이 있는데도 타지도 달리지도 않지만 / 子有車馬, 弗馳弗驅
> 만약 그대가 죽는다면 딴 사람 좋은 일만 하리 / 宛其死矣, 他人是愉
> (하략)

다음은 『시경』에 등장하는 '고(栲)'에 대한 해석이다. 『모시명물도설』의 번역자는 '고'를 '북나무'로,[45] 『시명다식』의 번역자는 '고'를 '붉나무'로[46] 풀이했다. 우선 '고'를 '북나무'로 번역한 것은 네이버 한자 사전의 '고'의 풀이를 그대로 옮긴데 지나지 않는다. 우리나라 식물도감에는 '북나무'가 나오지 않는다. 『한한대자전(漢韓大字典)』에는 '고'를 멀구슬나뭇과의 '멀구슬나무'로 풀

42 서정, 앞의 책, p.450.
43 정학유, 앞의 책, p.273.
44 『시경·당풍(唐風)·산유추(山有樞)』.
45 서정, 앞의 책, p.451.
46 정학유, 앞의 책, p.276.

이했다.[47] 『시명다식』의 번역자가 번역한 붉나무는 옻나무의 갈잎떨기나무에 속한다. 『모시명물도설』의 '고'에 대한 풀이는 『이아』의 '산저(山樗)', 즉 '산가죽나무'를 인용했다. 주자의 설명을 인용한 『시명다식』의 '고'에 대한 풀이도 『이아』와 다르지 않다. 『본초』에서는 '고'를 참죽나무[춘(椿)]와 가죽나무[저(樗)]와 같은 나무의 다름 이름으로 보았다.[48] 따라서 '고'는 소태나뭇과의 '산가죽나무'로 보는 것이 타당하다. 참죽나무는 멀구슬나뭇과이고, '고'를 멀구슬나무로 풀이한 것도 가죽나무와 닮았기 때문일 것이다. 『시경』에 등장하는 가죽나무에 대한 내용은 다음과 같다.[49]

> (상략)
> 산에는 가죽나무가 있고, 습지에는 감탕나무가 있네 / 山有栲, 隰有杻
> 그대는 집이 있는데도 물 뿌리고 쓸지도 않고 / 子有廷內, 弗洒弗埽
> 그대는 종과 북이 있는데도 치거나 두드리지도 않지만 / 子有鍾鼓, 弗鼓弗考
> 만약 그대가 죽으면 딴 사람이 차지하리 / 宛其死矣, 他人是保
> (하략)

〈사진 29〉 화청지 가죽나무

47 民衆書林編輯局 編, 『漢韓大字典』, 民衆書林, 2011, p.1003.
48 정학유, 앞의 책, p.276.
49 『시경·당풍(唐風)·산유추(山有樞)』.

『시경』에 등장하는 나무들은 주나라 시대 관중지역의 남산(南山)과 북산(北山)에 살았던 나무들이다. 『산해경』에서도 『시경』에 등장하는 각종 나무들을 확인할 수 있다.[50] 주나라 시대 진령(秦嶺) 동쪽에 위치한 효산(崤山)에는 숲이 울창했다. 이곳에는 버드나무, 닥나무, 가죽나무, 헛개나무 등이 살았다. 이 중 『시경』에 등장하는 헛개나무의 내용은 다음과 같다.[51]

> (상략)
> 남산에는 헛개나무 있고, 북산에는 광나무가 있네 / 南山有枸, 北山有楰
> 즐겁겠지 우리 님은 오래 오래 사시겠지 / 樂只君子, 遐不黃耇
> 즐겁겠지 우리 님은 그대를 후손까지 보호해 주실거야 / 樂只君子, 保艾爾後

효산에는 '송백지새(松柏之塞)'가 있었다.[52] 소나무와 측백나무를 심어서 적의 침략을 막았던 '송백의 성채'는 함곡관에 위치하고 있었다. 함곡관 북쪽 산록에 위치한 효산에 소나무와 측백나무로 울창한 숲을 상상하면, 전쟁으로 숲이 사라지기도 했지만 때론 숲을 조성한 사례도 있다는 것을 알 수 있다. 효산 남쪽의 웅이산(熊耳山)에는 칠림(漆林: 옻나무숲)과 종림(棕林: 종려나무숲)이 있었으며,[53] 그 부근에는 대나무가 아주 많았다.[54]

(3) 춘추 · 전국시대의 나무: 『이아』 의 나무

『이아』는 전국시대 지식인들의 사전이었다. 중국 혹은 세계 최초의 사전으로 평가받고 있는 『이아』는 아주 독특한 사전이다. 『이아』는 자전(字典)의 원조이기 때문이다. 아울러 단어의 뜻을 이해하기 위해서는 반드시 『이아』를 참

---

50 정재서 역주, 앞의 책, pp.172-176.

51 『시경·소아(小雅唐風)·남산유대(南山有臺)』.

52 순자, 이운구 옮김, 『순자2』, 한길사, 2006, p.58.

53 정재서 역주, 앞의 책, p.171.

54 정재서 역주, 앞의 책, p.164.

고해야만 한다. 나무에 대한 기본 지식도 『이아』를 통해서 얻을 수밖에 없다. 『이아』의 편찬자에 대해서는 의견이 분분하지만 한 가지 분명한 것은 전국시대 이전까지의 식물을 이해하는데 가장 중요한 자료라는 사실이다.

『이아』에서 소개하고 있는 나무들은 곧 『시경』과 마찬가지로 황하유역의 나무로 이해해도 큰 문제가 없다. 『이아』에서 풀이하고 있는 내용은 고(詁)·언(言)·훈(訓)·친(親)·궁(宮)·기(器)·악(樂)·천(天)·지(地)·구(丘)·산(山)·수(水)·목(木)·초(草)·충(蟲)·어(魚)·조(鳥)·수(獸)·축(畜) 등이다. 따라서 『이아』에서는 19종류에 대해서 개념을 정리하고 있는 셈이다. 『이아』에 등장한 19종류는 당시 사람들의 관심사를 보여주는 것이다. 『이아』의 나무 관련 정보는 19종류 중 하나에 불과하지만, 중국 고대의 나무를 이해하는데 아주 중요하다.

『이아』에서 가장 먼저 소개하고 있는 나무는 도(稻)이다. 도는 산가(山榎)이다. 산가는 『이아주(爾雅注)』에 산추(山楸)로 풀이했다. 『이아소(爾雅疏)』에서는 『시경·진풍(秦風)·종남(終南)』의 '조(條)'를 개오동으로 풀이했다.[55] 능소화과 갈잎큰키나무의 개오동은 『이아소』에서도 언급하고 있듯이 관목(棺木)으로 사용했으며, 의양(宜陽) 공북산(共北山)에 많았다. 공복산은 하남성에 위치한다. 따라서 개오동은 『시경』에서 보듯이 섬서성 종남산을 비롯해서 하남성 등 황토고원의 주요 나무 중 하나였다. 우리나라에서도 개오동을 중시한 사례를 『일성록(日省錄)』 정조18년(1794) 7월 16일 기사에서 확인할 수 있다.

장성(長城)의 고 사인(士人) 공필장(孔弼章)은 부모를 지극한 효성으로 섬겼는데, 그 어미의 병세가 심각해지자 손가락을 잘라 어미의 입에 피를 흘려 넣었고, 상을 당했을 때에는 3년 동안 죽만 마시며 채소 같은 것조차도 입 가까이 대지 않았다. 상을 마친 뒤에는 폭설과 폭우에도 새벽이면 반드시 묘소에 배알하여 90세까지도 매일 그렇게 하니 그의 무릎이 닿는 곳은 풀도 자라지 않았다. 묘 앞에 있는 소나무와 개오동에 해충이 번식하여 나무가 상하자 울부짖으며 묘역(塋域)을 돌면서 직접 벌레를 잡았는데, 홀연히 한 번도 본 적이 없는 수백 수천 마리의

55 이충구·임재완·김병헌·성당제 역주, 앞의 책, pp.10-11.

> 새가 소나무 사이로 날아와서 모두 물어다가 대천(大川)에 버렸다.[56]

다음으로 등장하는 나무는 『시경』에서 언급한 고(栲)와 백(柏)이고, 그 다음은 이름을 알 수 없는 곤(髡)이다. 다음에 등장하는 단(椴)은 『시경』에는 등장하지 않는 나무이다. 『이아』에는 단을 이(柂)로, 『이아주』에는 백단(白椴)으로 풀이했다. 백단은 백양(白楊)과 비슷하다. 『이아소』에서는 『이아주』의 내용을 그대로 인용하면서 재질이 습기를 잘 견딘다고 했다.[57] 이런 점으로 보면 '단'은 버드나뭇과의 백양이거나 사시나무 같은 껍질이 흰 나무 종류이다.[58] 현재 중국 낙양에서 서안까지도 길가나 밭두렁 등지에 심은 엄청난 규모의 백양 같은 버드나무를 만날 수 있다. 다음에 기록한 뉴(杻)는 『이아』에서 억(檍)으로, 『이아주』에서는 '체(棣)'와 비슷한 나무로 풀이하면서, 잎이 새로 난 것을 소에게 먹일 수 있고, 재질이 수레바퀴 테에 적당하며, 관서(關西)에서는 뉴자(杻子), 일명 토강(土橿)이라 불렀다고 풀이했다.[59] 『이아소』에 따르면 감탕나무를 '억'으로 부른 것은 주로 관청 정원에 심어서 '만세(萬歲)'라 이름 붙인 것과 같은 유래 때문이었다. 늘푸른떨기나무 감탕나무도 지금은 남쪽을 대표하는 나무이지만, 고대 황토고원의 기후를 고려하면 충분히 살 수 있는 나무이다. 그래서 이 나무는 『시경·당풍·산유추』에서도 등장한다. 감탕나무는 우리나라에서도 귀하게 여긴 나무였다. 『일성록』 정조8년(1784) 6월 11일 기사에서 확인할 수 있다.[60]

---

56 『일성록』(http://db.itkc.or.kr/)

57 이충구·임재완·김병헌·성당제 역주, 앞의 책, pp.14-15.

58 단에 이어 등장하는 매실나무에 이어 『이아』에 기록한 피(柀)는 점(煔)으로 풀이했다. 『이아주』에서는 점을 소나무와 비슷하며 강남에 산다고 풀이했다. 아울러 점은 관(棺)의 재료로 사용하며 기둥을 만들어 묻으면 썩지 않는다고 해석했다. 『이아소』에서는 민간에서는 피를 삼(杉)으로 쓴다고 했다. 이런 점으로 보면 피는 낙우송과의 삼나무이다(이충구·임재완·김병헌·성당제 역주, 앞의 책, p.17). 다음으로 기록한 유자나무를 의미하는 '폐(櫠)'도 남쪽에 사는 나무이다(이충구·임재완·김병헌·성당제 역주, 앞의 책, p.18).

59 이충구·임재완·김병헌·성당제 역주, 앞의 책, pp.19-20.

60 『일성록』(http://db.itkc.or.kr/)

취승문(聚勝門)에서 훈련대장 구선복(具善復)을 소견(召見)했다.
내가 자경당(慈慶堂)의 담장을 두루 살펴보았다. 하교하기를,
"근래 호환(虎患)은 어떠한가?"
하니, 구선복이 아뢰기를,
"호환이 자못 빈번하여 매우 염려스럽습니다."
하여, 내가 이르기를,
"이곳은 혜경궁(惠慶宮)의 차비내(差備內)와 아주 가까운 곳이다. 호망(虎網)과 장목(長木)을 대령해 두었는가?"
하니, 구선복이 아뢰기를,
"이미 대령해 두었습니다."
했다. 내가 이르기를,
"목수(木手)와 역졸(役卒)이 몇 명인가?"
하니, 구선복이 아뢰기를,
"역졸이 20명이고 목수가 7명입니다."
하여, 내가 이르기를,
"호망의 재질은 반드시 견고해야 하는데, 어떤 것으로 하였는가?"
하니, 구선복이 아뢰기를,
"감탕나무 껍질이 견고하기 때문에 이것으로 했습니다."
하여, 내가 이르기를,
"역사(役事)가 언제 끝나겠는가?"
하니, 구선복이 아뢰기를,
"오후면 끝날 수 있습니다."
하여, 내가 이르기를,
"너무 허둥지둥 서둘러 자궁(慈宮)의 염려를 끼치지 말아야 할 것이니, 경이 직접 점검하여 역사를 감독하라."
했다.

위의 기사는 감탕나무의 껍질이 호랑이를 막는 데 사용했다는 것을 알 수 있다. 감탕나무는 호랑가시나무처럼 사악한 것을 물리칠 수 있는 특징을 갖고 있다. 정조15년(1791) 7월 13일에는 종묘 서쪽의 신축 담장이 무너지자 감탕나무로 울타리를 만든 사례도 확인할 수 있다.[61]

---

61 『일성록』(http://db.itkc.or.kr/)

다음에 기록한 무(楙)는 모과[목과(木瓜)]로 풀이했다. 『이아주』에서는 무의 열매를 작은 외 같으며, 맛이 시큼하지만 먹을 수 있다고 풀었다. 『이아소』에서는 『이아주』의 내용을 소개하면서 『시경·위풍(衛風)·목과(木瓜)』를 소개했다. '나무의 오이'를 의미하는 목과는 우리나라에서 모과로 부른다. 장미과의 갈잎큰키나무 모과나무에 대한 『시경』의 내용은 무척 사랑스럽다.

> 나에게 모과를 던져주기에 / 投我以木瓜
> 아름다운 패옥으로 보답했네. / 報之以瓊琚
> 모과에 대한 답례가 아니라 / 匪報也
> 길이길이 좋은 짝이길 원해서였다네. / 永以爲好也

다음에 등장하는 양(椋)은 남쪽에서 자라는 느릅나뭇과의 갈잎큰키 푸조나무다. 푸조나무는 재질이 수레바퀴를 만드는데 적합하다.[62] 그러나 『시경』에는 등장하지 않는다. 산밤나무를 의미하는 열(栵),[63] 유자(柚子)를 의미하는 유(柚)[64]등은 『시경』에도 등장하지만, 느릅나무의 일종인 확(檴)[65]은 『시경』에 나오지 않는다. 매화의 종류인 영매(英梅)로 불리는 시(時),[66] 버드나무의 일종인 원(楥)[67] 등은 『시경』에는 등장하지 않지만 황토고원에서 살 수 있는 나무들이다. 『시경』에서도 등장하는 허(栩)는 『이아』에서 저(杼)로 풀이했다. 『이아주』에서는 작수(柞樹)로 풀이했다. 작수는 『이아소』에서 곽박의 설로 소개하고 있다. 『이아소』에 따르면,[68] 유기는 『모시초목조수충어소』에서 허를 작력(柞櫟)으로 보았으며, 서주(徐州) 사람들은 '역'을 '저' 혹은 '허'라고 불렀다. 경

---

62 이충구·임재완·김병헌·성당제 역주, 앞의 책, pp.21-22.
63 이충구·임재완·김병헌·성당제 역주, 앞의 책, pp.22-23.
64 이충구·임재완·김병헌·성당제 역주, 앞의 책, pp.25-26.
65 이충구·임재완·김병헌·성당제 역주, 앞의 책, pp.24-25.
66 이충구·임재완·김병헌·성당제 역주, 앞의 책, p.27.
67 이충구·임재완·김병헌·성당제 역주, 앞의 책, pp.27-28.
68 이충구·임재완·김병헌·성당제 역주, 앞의 책, pp.28-29.

락(京洛) 및 하내(河內)에서는 허를 '저두(杼斗)'라 불렀다. 모든 곳에서는 '역'을 '저'라고 불렀다. 그런데 허와 역과 저는 대부분 상수리나무로 번역하지만, '작'은 떡갈나무를 비롯해 다른 나무로 부르는 경우가 적지 않다.

『이아』에서는 미(味)를 치저(荎著)로 풀이하고 있다. 그런데 『이아주』에서는 미가 『이아·석초(釋草)』에서 언급했기 때문에 여기서 소개한 것이 잘못이라 해석했다. 그런데 『이아·석초』에서는 나무를 풀로 분류한 오류를 발견할 수 있다. 예컨대 능초(陵苕)를 의미하는 초(苕)는 능소화과의 능소화(凌霄花)다. 능소화는 『이아주』에서 일명 능시(陵時)로 풀이했다.[69] 『이아』에서는 우(櫙)를 치(荎)로 풀이하고 있다.[70] '치'는 시무나무다. 그래서 우는 『시경』의 추(樞)와 같은 의미이다. 『이아』에서는 두(杜)를 감당(甘棠)으로, 『이아주』에서는 두당(杜棠)으로 풀이했다.[71] 『이아』에서는 적장(狄臧)을 고(槔)와 공기(貢綦)로 풀이했으나, 무슨 나무인지는 알 수 없다.[72] 그런데 『이아』에서는 두를 적당(赤棠)으로 풀이했다.[73] 이처럼 『이아』에서는 같은 나무지만 다른 의미로 풀이했다. 이런 점을 감안하면 두는 열매가 붉은 팥배나무를, 당은 열매가 흰 팥배나무를 의미한다.

『이아』에서는 구(杭)를 계매(檕梅)로 풀이했다. 『이아주』에서는 구수(杭樹)의 모양이 매실나무와 닮았고, 열매는 손가락 끝과 비슷하고, 적색이며, 소내(小椋), 즉 능금과 비슷하고 먹을 수 있다고 풀이했다. 『이아소』에서는 『이아주』의 내용을 그대로 옮겼다.[74] 구는 장미과의 갈잎중간키 산사나무, 즉 아가위나무를 의미한다. 『본초강목』에서는 구를 산사(山樝:山査)로 소개하고 있으면서 적조자(赤爪子)·서사(鼠樝)·후사(猴樝)·모사(茅樝)·구자(杭子)·계매(檕梅)·양구(羊梂)·당체(棠棣)·산리과(山里果) 등 다양한 이름을 소개하고 있다.[75] 그 중 『시

---

69 이충구·임재완·김병헌·성당제 역주, 『이아주소4』, 소명출판, 2004, p.424.
70 이충구·임재완·김병헌·성당제 역주, 『이아주소5』, p.30.
71 이충구·임재완·김병헌·성당제 역주, 앞의 책, p.31.
72 이충구·임재완·김병헌·성당제 역주, 앞의 책, p.32.
73 이충구·임재완·김병헌·성당제 역주, 앞의 책, p.43.
74 이충구·임재완·김병헌·성당제 역주, 앞의 책, p.33.
75 李時珍, 앞의 책, P.1773.

경』에 등장하는 당체는 산앵두나무이다. 그러나 산사나무와 산앵두나무는 같은 장미과에 속하면서도 붉은 열매도 닮아서 때론 같은 의미로 사용했을 가능성은 높다.

『이아』에서는 이름을 알 수 없는 나무인 규(杋)를 소개하고 있다.[76] 『이아』에서 소개하고 있는 백(魄)은 혜혜(木+奚榼)는 인동과의 갈잎떨기나무 가막살나무다. 『이아』에서 소개하고 있는 거(椐)는 느릅나뭇과의 느티나무이다.[77] 『이아』의 「이아음의(爾雅音義)」에 따르면 거는 궤(樻)이다. 궤는 마디 가운데 옹이가 있어서 지팡이를 만들 수 있었다. 거는 육기의 『모시초목조수충어소』에서 언급하고 있는 부로(扶老), 즉 대나무로 만든 지팡이와 닮았으며, 영수목(靈壽木)이라 불렀다. 『이아』에서 소개하고 있는 정(檉)은 위성류과의 위성류(渭城柳)를 의미한다.[78] 『이아』에는 위성류를 하류(河柳)이며, 줄기가 붉은 황하 가의 작은 버드나무로 풀이했다. 그러나 위성류는 갈잎큰키나무이다. 『이아』에서 언급하고 있는 양(楊)은 포류(蒲柳)이다. 「이아소」에서는 포류를 화살과 화살대를 만드는 재료로 소개했다. 이런 점에서 보면 양은 버드나뭇과의 갯버들을 의미한다. 『춘추좌전(春秋左傳)』에 '동택지포(董澤之蒲)' 고사에서 확인할 수 있다.

『좌전』 선공 12년에 진(晋)과 초(楚)가 필(邲)에서 싸웠는데, 진의 군사가 패했다. 초의 웅부기(熊負羈)가 진나라의 지앵(知罃)을 가두자 지앵의 아버지 지장자(知莊子)가 가병(家兵)을 거느리고 반격했다. 주무자(廚武子)는 지장자의 수레를 몰았으며, 지장자의 병사들도 대부분 따랐다. 지장자는 활을 쏠 때마다 화살을 골라 주무자의 화살통에 넣었다. 이에 주무자가 노하여 "아들은 구하지 않고 화살만 아끼십니다. 동택지포를 다 사용할 수 있겠습니까?"라고 했다.

---

76 이충구·임재완·김병헌·성당제 역주, 앞의 책, p.34.

77 이충구·임재완·김병헌·성당제 역주, 앞의 책, p.38.

78 이충구·임재완·김병헌·성당제 역주, 앞의 책, p.39.

『이아』에 소개하고 있는 두(杜)는 적당(赤棠), 즉 '붉은 팥배나무'다. 흰 것은 당(棠)이라 불렀다.[79] 이처럼 장미과의 팥배나무는 열매의 색깔에 따라서 이름이 달랐다. 『이아소』에서 언급한 육기의 『모시초목조수충어소』에 따르면, 백당은 감당(甘棠)이라 불렀다. 『이아』에서 언급한 훼(檓)는 대초(大椒), 즉 열매가 큰 산초나무이다.[80] 『이아소』에 따르면, 운향과의 산초나무는 수유(茱萸)와 비슷하고, 바늘 같은 가시가 있으며, 잎은 단단하나 윤기가 있다. 촉(蜀)와 오(吳) 지방 사람들은 산초로 차를 만들었는데, 잎을 삶아 뭉쳐서 향을 만들었다. 『이아』에 소개하고 있는 풍(楓)은 단풍나무다.[81]

〈사진 30〉 단풍나무

『이아소』에 따르면 단풍나무는 버드나뭇과의 백양나무와 비슷하고, 잎은 둥글지만 갈라져 있다. 윤기가 나고 향기가 나서 지금의 풍향(楓香)을 말한다. 『이아소』에는 『산해경(山海經)·남황경』의 내용을 소개하고 있다. 즉 "송산(宋山)이 있고, 산 정상에는 나무가 자라고 있는데 명칭은 풍목(楓木)이다. 풍목은 황제(黃帝)가 치우를 죽인 다음 그 형틀을 버려 이것이 변하여 나무가 되었는데 이를 풍목이라 한다."고 했다. 그런데 『이아소』에서 소개한 『본초』 당본주(唐本

---

79 이충구·임재완·김병헌·성당제 역주, 앞의 책, p.43.

80 이충구·임재완·김병헌·성당제 역주, 앞의 책, pp.48-49.

81 이충구·임재완·김병헌·성당제 역주, 앞의 책, p.51.

注)에 따르면 단풍나무는 잎이 삼각형인 중국단풍을 말한다. 따라서 한자 '풍'은 중국단풍을 의미한다.

『이아』에서 소개한 역(櫟)은 상수리나무다. 상수리나무의 열매는 구(梂)이다.[82] 상수리나무에 대해서는 『시경·진풍(秦風)』에도 등장한다. 『이아소』에서 곽박은 상수리나무의 열매를 "고슴도치 털 같은 것이 자연스럽게 상수리를 감싸고 있다."고 했다. 육기의 『모시초목조수충어소』에는 진나라 사람들은 작력(柞櫟)을 상수리나무로 보았고, 하내(河內) 사람들은 목료(木蓼)를 상수리나무로 보았다. 육기는 상수리나무의 이름에 대해 진나라 말로 작력이라 부는 것이 옳다고 했다.[83] 『이아』에 언급한 사도(褫桃)는 산도(山桃), 즉 산복숭아이다. 『이아주』에 다르면, "산복숭아의 열매는 복숭아 같으나 작으며, 씨를 깨뜨릴 수 없다"고 했다. 산복숭아는 곽박 등이 언급하고 있듯이 실제 복숭아가 아니라 장미과의 앵도(櫻桃)를 의미한다. 산도는 『예기·월령·중하』에서 언급하고 있는 함도(含桃)이다.[84] 『이아』에서 언급한 휴(休)는 자도(紫桃), 즉 장미과의 오얏나무를 의미한다. 오얏나무 중에는 접려리(接慮李)를 의미하는 좌(痤)가 있었다. 『이아소』의 곽박에 따르면 좌는 맥리(麥李)였다. 그 이유는 열매가 보리 익을 때 익어서 붙인 이름이다. 오얏나무에는 열매가 붉은 박(駁)이 있었다.[85]

『이아』에는 다양한 종류의 대추나무가 등장한다. 대추, 즉 조(棗)는 호조(壺棗)이다. 대추를 호라고 부른 것은 박처럼 대추가 크고 위가 뾰족해서 붙인 이름이다. 대추 중에는 열매의 중간이 가느다란 변요조(邊要棗)가 있었다. 제(櫅)라는 대추는 열매가 익으면 하얗게 벼변하는 백조(白棗)가 있었다. 이(樲)는 신맛이 나서 산조(酸棗)라 불렀다. 양철(楊徹)은 제조(齊棗)라 불렀다. 양조(羊棗)라 불리는 준(遵)은 열매가 작고 둥글며 자흑색이다. 『이아주』에 따르면 준은

---

82 이충구·임재완·김병헌·성당제 역주, 앞의 책, p.54.
83 이충구·임재완·김병헌·성당제 역주, 앞의 책, p.55.
84 이충구·임재완·김병헌·성당제 역주, 앞의 책, pp.58-59.
85 이충구·임재완·김병헌·성당제 역주, 앞의 책, pp.60-61.

양시조(羊矢棗)라 부르기도 한다.[86] 양조는 『맹자·진심장구하』에 등장한다. 노나라의 증석(曾晳)은 양조를 좋아했다. 『논어·선진』에서 보듯이 증석은 공자가 아주 사랑했던 제자였다. 공자가 증석을 좋아한 까닭은 아래에서 보듯이 삶의 태도 때문이었다.

자로(子路)·증석(曾晳)·염유(冉有)·공서화(公西華)가 공자를 모시고 앉자, 공자가 말했다. "내가 너희들보다 다소 나이가 많다고 해서 어렵게 여기지 마라." 너희들이 평소 다음과 같이 말했다. "나를 알아주지 않는다."라고 말하는데, 만약 알아준다면 어떻게 하겠는가?" 자로가 경솔하게 다음과 같이 말했다. "천승(千乘)의 제후국이 대국의 사이에서 속박을 받은데 더하여 전란을 겪고, 더욱이 기근이 들더라도, 제가 다스릴 경우 3년에 이르면 백성을 용맹하게 할 수 있고, 의리로 향하게 할 수 있습니다." 공자가 빙그레 웃었다. 공자가 구(求)야! 너는 어떻게 하겠느냐고 묻자, 구가 다음과 같이 말했다. "제가 사방 60-70리 혹은 사방 50-60리 정도의 작은 나라를 다스릴 경우, 3년에 이르면 백성을 풍족하게 할 수 있고, 예악으로 말하면 군자를 기다리겠습니다." 공자가 "적(赤)아! 너는 어떻게 하겠느냐?"고 묻자, 다음과 같이 대답했다. "제가 능하다는 말이 아니오라 배우길 원합니다. 종묘의 일과 제후들이 회동할 때 현단복(玄端服)을 입고 장보관(章甫冠)을 쓰고, 작은 집례자(執禮者)이길 원합니다." 공자가 점(點)아! 너는 어떻게 하겠느냐? 라고 묻자, 그는 비파를 드문드문 타다가 땡그랑 하고 비파를 놓으며 다음과 같이 말했다. "세 사람이 갖고 있는 것과는 다릅니다." 공자가 다음과 같이 말했다. "무엇이 나쁘겠느냐? 각자 자기의 포부를 말하는 것이다." 그는 다음과 같이 대답했다. "늦봄에 봄옷이 이미 만들어지면 관을 쓴 어른 5-6명과 동자 6-7명과 함께 기수(沂水)에서 목욕하고, 무우(舞雩)에서 바람 쐬고, 노래하면서 돌아오겠습니다[詠而歸]." 공자가 아! 감탄하면서 "나는 점을 허여(許與)한다."고 말했다.

증석의 아들 증자(曾子)는 아버지가 좋아한 양조를 좋아하지 않았다. 증자가 양조를 좋아하지 않았던 것은 대추가 싫어서가 아니라 대추를 보는 순간 아버지를 떠올려야했기 때문이다. 이 구절은 증자의 증석에 대한 효심을 드

86 이충구·임재완·김병헌·성당제 역주, 앞의 책, pp.61-63.

러낼 때 늘 인용한다. 맹자의 제자인 공손추(公孫丑)는 양조의 맛이 궁금해서 스승에게 회자(膾炙:고기를 저며 썬 것과 구운 고기)와 어느 쪽이 맛있는지를 물었다. 맹자의 대답은 다음과 같았다.

> 회자일 것이다. 공손추가 다시 물었다. 그렇다면 증자는 어찌하여 회자는 먹으면서 양조는 먹지 않았습니까. 맹자가 말했다. 회자는 누구나 똑 같은 것이요, 양조는 독특한 것이니, 이름은 휘(諱)하고 성은 휘하지 않는다. 이는 성(姓)은 똑 같고, 이름은 독특하기 때문이다.

『이아소』에서는 이조(樲棗), 즉 멧대추를 『맹자·고자상(告子上)』의 내용과 관련해서 설명하고 있다.

> 맹자가 말하길, 몸에는 귀천과 대소가 있으니, 작은 것을 가지고 큰 것을 해치지 말며, 천한 것을 가지고 귀한 것을 해치지 말아야 하니, 작은 것을 기르는 자는 소인이 되며, 큰 것을 기르는 자는 대인이 되는 것이다. 지금 원예사가 오동나무[梧檟]를 버리고 멧대추[樲棘]을 기른다면 천한 원예사가 되는 것이다.

『이아』에서 언급한 세·선(洗)은 알이 굵은 대조(大棗)를 의미한다.[87] 『이아주』에 따르면 하동(河東)에서 생산되는 대추는 계란만 했다. 대추의 종류 중 자(煮)는 전조(塡棗)를, 궐설(蹶泄)은 쓴 맛을 내는 고조(苦棗)를 의미한다.[88] 대추나무 중에는 열매가 없는 석(晳), 즉 무실조(無實棗)가 있었다.[89]

87 우리나라의 대추는 바로 대초에서 유래했다.

88 이충구·임재완·김병헌·성당제 역주, 앞의 책, p.64.

89 이충구·임재완·김병헌·성당제 역주, 앞의 책, p.65.

(4) 진 · 한제국시대의 나무

진한시기 관중에도 나무가 아주 많았다. 다만 대규모 숲은 많지 않았다. 산서에는 목재용 나무가 아주 풍부했다. 『사기(史記)』에 따르면 산서에는 대나무와 닥나무가 많았다.[90] 특히 소나무와 측백나무 이외에 대나무숲이 많아 관중을 '육해(陸海)'라 불렀다. 당시 호(鄠), 즉 지금의 섬서 호현(戶縣), 두(杜), 즉 지금의 섬서성 장안현 동북 지역은 대나무 산지였다. 어떤 지주는 위하(渭河) 양안(兩岸)에 1천무의 대나무 숲을 가지고 있었으며, 수입도 봉군(封君)과 맞먹을 정도였다.[91]

〈사진 31〉 대나무숲

진한시대 관중 동쪽의 평원지역에는 숲이 드물었다. 그 이유는 낙양과 주변에 큰 도시가 발달했기 때문이었다. 다만 황하 이북의 심하(沁河) 하류의 일부 언덕에는 측백나무가 많이 살고 있었다. 특히 심하 북쪽에 위치한 화악묘(華岳廟) 옆에 수 백 그루의 측백나무가 살고 있었다.[92] 섬서성 감천산(甘泉山) 아래 만든 이궁(離宮) 주변에는 예장(豫章)나무와 여러 나무들이 살고 있었다. 특히 예장나무는 중국의 신화에 등장한다.[93]

---

90 『史記』권129, 「貨殖列傳」

91 『漢書』권65, 「東方朔傳」.

92 酈道元, 思念林 外 譯, 『水經注上』, 華夏出版社, 2006, p.194.

93 정재서 역주, 앞의 책, p.197.

진한시대의 주목했던 나무는 대나무와 더불어 청단과 산뽕나무였다. 황토고원 지역에 뽕나무가 많았다는 사실은 결코 놀랄 일은 아니다. 중국은 뽕나무의 원산지면서 뽕나무와 관련한 산업이 세계에서도 가장 발달했기 때문이다.[94] 『이아』에서도 여러 종류의 뽕나무를 소개할 만큼 뽕나무는 황토고원에 잘 자랐던 나무이고, 중국인의 삶에 엄청난 영향을 주었다. 진한시대의 중요한 나무 중 하나는 느릅나무이다. '유계새(楡谿塞)'는 전국시대 말부터 장성을 따라 느릅나무로 변방의 요새지로 만든 것을 말한다.[95] 느릅나무를 장성의 요새화에 이용한 것은 나무의 재질이 아주 단단하기 때문이다. 느릅나무는 뽕나무와 더불어 중국인들의 삶에 깊은 영향을 주었다. 그래서 뽕나무와 느릅나무를 의미하는 '상유(桑楡)'의 단어가 생겼다. 이 말은 '해가 떨어질 때 빛이 뽕나무와 느릅나무의 가지 끝에 걸린다'는 뜻으로 일몰 혹은 일의 마지막 단계를 의미한다. 또한 만년(晩年)이나 노경(老境)을 비유할 때도 사용한다. 더욱이 느릅나무는 중국과 우리나라의 대표적인 구황(救荒) 식물이다. 느릅나무는 황하유역 어디든 살지만, 황하 중류 하남성 등봉 영천(潁川) 산골짜기의 느릅나무가 유명했다.[96] 느릅나무의 구황 가치는 『본초강목』에 자세하게 언급하고 있지만, 중국 명나라 창업자인 주원장(朱元璋, 1328-1398)의 다섯 째 아들이자 명나라 영락제 주체(朱棣, 1360-1424)의 친동생인 주숙(朱橚, 1361-1425)의 『구황본초(救荒本草)』에는 '유전수(楡錢樹)'로 등장한다.[97] 느릅나무를 '유전수'로 표기한 것은 한나라 때 이 나무의 열매를 본떠 만든 '유협전(楡莢錢)'에

94 강판권, 『중국을 낳은 뽕나무』, 글항아리, 2008 참조.

95 思念海, 앞의 책, p.454.

96 李時珍, 앞의 책, p.2039.

97 朱橚, 『救荒本草』, 商務印書館, 1983, pp.44-45. 『구황본초』는 명나라 서광계(徐光啟)의 『농정전서(農政全書)에 수록되어 있다[『農政全書下』(岳麓書社, 2002), pp.771-1005). 『구황본초』는 『농정전서』의 '황정(荒政)'을 다룬 내용 중 핵심이며, 『황정전서』 내용 중 25%의 분량을 차지한다. 서광계가 자신의 작품에 방대한 『본초구황』 전체 내용을 수록한 것은 그 만큼 『구황본초』가 황정에 차지하는 비중이 아주 높았기 때문이다. 『구황본초』는 청나라 강희·옹정시대에 편찬한 『고금도서집성(古今圖書集成)』과 건륭시대에 편찬한 『사고전서(四庫全書)』에 수록되었다. 일본에서는 17세기 말에 『구황본초』를 구입했으며, 1930 년대 미국의 식물학자들도 『구황본초』를 높이 평가했다.

서 차용했다.[98] 아울러 유협수는 느릅나무의 약효를 강조하기 위한 이름이기도 하다. 『구황본초』에서는 뽕나무도 이 나무의 열매인 오디를 강조한 '상심수(桑椹樹)'로 표기했다.[99]

'영유(零楡)'로 불리기도 하는 느릅나무의 구황 기능은 우리나라의 자료에서도 확인할 수 있다. 특히 우리나라에 도착한 청나라 표류인의 증언에서는 느릅나무의 구황 기능을 한층 구체적으로 이해할 수 있다. 고종(高宗) 13년(1876) 10월 초9일의 기록에 따르면,[100] 태안(泰安) 지역의 안흥(安興) 신진리(新津里) 앞바다에 이양선(異樣船) 1척이 표류했다. 아래 내용은 태안부사(泰安府使) 조의현(趙儀顯)의 보고이다.

> 방금 태안 부사 조의현의 첩정(牒呈)을 받아보니, "본부(本府) 안흥 신진리 앞바다에 표류해 온 이양선을 적간(摘奸)하기 위해 떠난 연유는 이미 첩보(牒報)했습니다. 부사가 이달 초4일 신시(申時)쯤에 나루를 넘어 신진리로 달려가니, 이양 이범선(異樣二帆船) 1척이 본리(本里) 앞바다에 표류해 왔었는데 뒷 범죽(帆竹)이 부서져 떨어졌습니다. 부사와 되놈[胡人]은 일찍이 대대로 내려오는 원수 관계가 있어 서로 보지 않기 때문에 대솔 군관(帶率軍官) 출신(出身) 이민의(李敏儀)로 하여금 교리(校吏)와 함께 입회하여 배에 올라 적간하게 했습니다. 그 말을 들으니 말을 조잘대어 알아들을 수가 없어서, 문자를 조금 아는 호운산(胡雲山)에게 글을 쓰게 해서 묻기를, '너희들은 큰 바다에 표류되어 어려움을 많이 겪었을 텐데 병은 들지 않았으며, 물에 빠져 죽는 근심을 면했으며 땔나무 · 물 · 양식은 부족하지 않는가?'라고 하니, 대답하기를, '배에 있는 사람이 모두 7명인데 전혀 병든 사람이 없으며, 땔나무는 많이 있고, 물은 마실 것이 없으며, 쌀은 조금 있습니다.'라고 했습니다.
>
> 묻기를, '너희들은 어느 나라 어느 지방에 살며, 몇 월 며칠에 배가 떠나 무슨 일로 어느 곳으로 가다가 어느 곳에서 표류하여 이르렀는가?' 라고 하니, 대답하기를, '저희들은 모두 대청국(大淸國) 봉황성(鳳凰城)

---

98 朱橚, 앞의 책, p.44.

99 朱橚, 앞의 책, pp.412-413. 정학유는 뽕나무의 열매인 오디[葚]를 나무로 분류했다(정학유, 앞의 책, p.250).

100 『各司謄錄』(http://db.itkc.or.kr/).

남대고산(南大孤山)에 사는데, 장사를 하기 위해 금년 9월 초1일에 봉황성에서 고산(孤山)에 도착하여 초3일에 느릅나무 껍질[楡樹皮] · 양초(亮草) · 위석(葦席)을 꾸려 싣고서 석도(石島)의 개성(蓋城) 등지로 갔습니다. 매매하기 위해 배가 떠나 같은 달 21일에 출도(出島)에 도착했고 바람을 만나 10월 초1일에 이곳에 도착했습니다.'라고 했습니다.

묻기를, '느릅나무 껍질과 양초는 어디에 사용하는가?'라고 하니, 대답하기를, '느릅나무 껍질 1백 근당 값이 50냥인데 향(香)을 만드는 데 사용하고, 양초는 1백 근당 값이 20냥인데 어망(漁網)을 묶는 데 사용하며 매냥 당 1백 문(文)입니다.'라고 했습니다.

(중략)

묻기를, '배에 실은 느릅나무 껍질 등속은 누구의 물건인가?'라고 하니, 대답하기를, '호운산이 장사할 물건입니다.'라고 했습니다.

(중략)

선체를 만든 모양은 꼬리가 높고 머리가 낮았으며 위에는 목판을 깔았었습니다. 뒷 범죽 중간이 부러지고 앞 범죽만 있었으며, 목판은 별로 손상된 곳이 없었으니, 지반이 부서졌다는 말은 모두 그들이 육지를 따라 돌아가려는 핑계일 뿐입니다. 양초는 바로 바다 양초[海亮草]이고, 배 안을 살펴보니 느릅나무 껍질 · 양초 · 위석 이외에 또 옥당미(玉糖米) · 속미(粟米) · 청두(靑豆) 등속이 있었으니 틀림없이 상선이고, 병기(兵器) 등속은 없었습니다. 그 외 의심스러운 단서는 없었습니다. 선척의 장광(長廣)과 파수(把數), 의복과 선상(船上)에 집물(什物)을 실은 물건, 그들의 성명 · 나이 · 거주지, 서신과 표문을 낱낱이 나열하여 기록해서 성책(成册)을 만들어 올려 보냅니다.

위의 내용에서 보듯이 중국인들은 느릅나무 껍질을 상품으로 판매하고 있었다. 느릅나무 껍질은 단순히 식용하지 않고 향을 만드는데도 사용했다. 느릅나무 껍질로 향을 만든 사례는 『구황본초』와 『본초강목』에는 없는 내용이다.

인조 15년 정축(1637, 숭정10) 12월 25일, 장단(長湍)에 거주하는 생원 최욱(崔煜)의 상소에서도 느릅나무의 구황 기능을 알 수 있다.[101]

101 『承政院日記』(http://db.itkc.or.kr/).

> 넷째는 부렴(賦斂)을 적게 하는 것입니다. 신은 듣건대 맹렬한 바람이 오는 때에는 약한 날개를 쳐 날지 못하고-원문 빠짐-아래에는 작은 물고기가 용납되기 어렵고 무거운 조세를 거두는 환경 아래에서는 백성들이 목숨을 보전할 수 없습니다. 백성은 나라의 근본입니다. 백성을 다친 사람처럼 돌보려는 뜻과 어린아이를 보호하듯이 하려는 생각이 구중궁궐에서 간절하시지만 은택이 아래에까지 다 미치지 못해 징렴(徵斂)이 끝이 없으니 하늘이 그 때문에 홍수와 가뭄을 내려서 더 곤궁하게 하고- 원문 빠짐-집집마다 재물이 바닥나고 사람마다 굶주리고 있습니다. 열읍 중에서 탕패(蕩敗)가 심한 곳은 정공(正供)을 견감했지만 심장을 도려내는 듯한 아픔은 예전대로이고 친민(親民)을 택했지만 백성의 재물을 탈취하는 근심은 여전히 있습니다. 그래서 거친 베로 만든 질긴 옷이 누더기가 된 상태에서 추위에 울부짖고 지극히 가난하여 느릅나무를 맷돌에 갈아 죽을 쑤어 먹는 상황에서 굶주림에 우는 것은 팔로(八路)가 같고 명분 없는 세금과 법 이외로 징수하는 것은 양남(兩南)이 심합니다. 그리하여 죽어서 도랑이나 골짜기에 버려지기도 하고 죽지 않으면 도망치며 부부가 이별하며 우는 일이 무척 많으니 가정의 낙이라고는 없고 초목이 무지하여 근심이 없음을 부러워합니다.

중국과 우리나라의 느릅나무에 대한 이용은 구황에서 그치지 않고 삶의 나침반으로 삼기도 했다. 중국의 고대인들은 삶의 방향을 나무의 성질에 크게 기댔다. 이른바 '개화령(改火令)'이 그것이다. 계절에 따라 불씨를 바꾸는 개화령은 주나라에서 처음 실시했지만, 우리나라에서도 도입했다. 그런데 『주례』에는 구체적인 나무에 대해서는 언급하지 않고 있다.

> 사관(司爟)은 불을 사용하는 행정을 관장하여 4계절에 맞춰 국가의 불을 변화시켜 때에 따라 유행하는 질병을 구제한다. 늦봄에는 불을 내어서 백성들이 모두 따르게 하고, 늦가을에는 불을 들여서 백성들이 또한 모두 따르게 한다. 때마다 불의 시행령을 반포한다. 제사에서는 화톳불로 제사지낸다. 국가에서 백성들이 실수로 불을 내 들풀을 태우면 형벌을 가한다.[102]

102 池載熙·李俊寧 解譯, 앞의 책, p.345.

우리나라에서는 중국의 예에 따라 태종 6년(1406) 3월 24일에 개화령을 내렸다.[103]

개화령(改火令)을 내렸다. 예조에서 아뢰었다.

"삼가 《주례(周禮)》를 상고하면, '하관(夏官) 사훤(司烜)이 행화(行火)의 정령(政令)을 맡아 사철에 나라의 불[國火]을 변하게 하여 시질(時疾)을 구제한다.' 했습니다. 선유(先儒)가 말하기를, '불씨[火]를 오래 두고 변하게 하지 아니하면, 불꽃이 빛나고 거세게 이글거려 양기[陽氣]가 정도에 지나쳐서 여질(厲疾)이 생기는 까닭으로, 때에 따라 바꾸어 변하게 한다. 그 변하게 하는 법은 찬수(鑽燧)하여 바꾸는 것인데, 느릅나무[楡]와 버드나무[柳]는 푸르기 때문에 봄에 불을 취하고, 살구나무[杏]와 대추나무[棗]는 붉기 때문에 여름에 취(取)하고, 계하(季夏)에 이르러 토기(土氣)가 왕성하기 때문에 뽕나무[桑]와 산뽕나무[柘]의 황색(黃色) 나무에서 불을 취(取)하고, 작유(柞楢)는 희고, 회화나무와 박달나무[槐檀]는 검기 때문에 가을과 겨울에 각각 그 철의 방위 색[方色]에 따라 불을 취하는 것이다.' 했습니다. 대개 불은 사람이 늘 사용하므로 그 성질에 따르지 아니할 수 없기 때문입니다. 세월이 오래되고 법이 폐지되어 불씨를 바꾸는 법령이 오랫동안 행해지지 아니하여, 섭리(燮理)하는 도리에 미진(未盡)함이 있습니다. 원하건대, 사철에 불씨를 바꾸는 영(令)을 내려, 경중(京中)에는 병조(兵曹)에서, 외방(外方)에는 수령들이 매양 사철의 입절(入節)하는 날과 계하(季夏) 토왕일(土旺日)에 각각 그 나무를 문질러, 그 철의 불씨로 바꾸어 음식을 끓이는 데 사용하면 음양(陰陽)의 절후가 순조롭고, 역질(疫疾)의 재앙이 없어져서, 섭리(燮理)하여 조화(調和)하는 일이 갖추어지지 아니함이 없을 것입니다."

임금이 말하기를,

"예천백(醴泉伯) 권중화(權仲和)가 내게 이르기를, '사철에 불씨를 바꾸는 것은 예전에 그 제도가 있었으나, 우리나라에서는 옛 제도를 따르지 아니하여, 이 때문에 화재(火災)가 일어난다.'고 했는데, 내가 잊어버리지 아니하고 있다."

하고 드디어 의정부에 내려 의논하여 시행하게 했다.

범승지(氾勝之)가 편찬한 『범승지서(氾勝之書)』는 한나라 때 황토고원의 사정

103 『朝鮮王朝實錄』(http://db.itkc.or.kr/).

을 알려주는 중요한 자료이다. 『범승지서』는 중국 최초의 농서이자 인류 최초의 농서이다. 이 농서는 산서성의 농업정보를 담고 있다. 『범승지서』에서 소개하고 있는 나무는 뽕나무이다. 그런데 『범승지서』에 등장하는 나무는 뽕나무가 유일하다. 이 같은 사실은 황토고원에서 뽕나무가 차지하는 비중이 얼마나 높았는지를 알려준다. 『범승지서』에 기록한 뽕나무 관련 내용은 다음과 같다.[104]

> 뽕나무 기르는 법: 5월에 잘 익은 오디를 따서 모아 물에 담그고 두 손으로 비벼 문지른다. 씨알을 말끔하게 받기 위해 물을 더하여 문질러 씻는다. (걸러 받은 씨앗은) 그늘에 잘 말린다. 10무(畝)의 기름진 밭은 갈아 두둑을 만들고 골라서 마련한다. 오랫동안 묵혀 두었던 밭이 가장 좋다. 즉 쟁기로 갈아엎고 정연하게 써레질한다. 1무마다 기장과 오디 씨를 3되씩 같은 분량으로 섞어서 한꺼번에 뿌린다. 뽕나무와 기장은 같은 때 싹이 나온다. 호미로 밭을 매고 솎아 주고, 뽕나무의 어린 싹이 적당한 거리를 지쳐 자리 잡도록 솎아준다. 또한 기장이 함께 자라서 이삭이 여물면 곡식을 거둔다. 뽕나무가 여물어 거두는 기장과 비슷한 크기로 자라면 낫을 땅에 붙여서 함께 베어 땅에 깔아준다. 두 식물을 한꺼번에 햇살에 말려야 한다. 말린 후 바람이 불면 맞바람이 불길 기다려 마른 식물체 깔이에 불을 붙여 태운다. 이듬해 봄에 뽕나무에 눈이 싹트면 1무마다 3상자의 누에를 칠 수 있는 뽕잎을 딸 수 있다.

밭농사 중심의 황토고원 지대에서 뽕나무는 이 지역민들에게 의식주(衣食住) 중에서 최고급 '의(衣)'를 해결해 줄 수 있는 유일한 나무였다. 『범승지서』에 소개하고 있는 삼[마(麻), 대마(大麻)]과 모시[시(枲), 저마(苧麻)]가 백성을 위한 의복 재료였다면, 뽕나무는 지배층을 위한 의복 재료였다. 『사기·화식열전(貨殖列傳)』에서는 한나라의 나무를 이해할 수 있는 정보를 얻을 수 있다.[105] 산서 지방에서는 닥나무와 삼나무가 풍부했다.

---

104 범승지, 구자옥 등 역주, 『범승지서』, 한국농업사학회, 2007, pp.54-55.
105 사마천 지음, 예벤인민출판사 고전 번역팀 엮어옮김, 『사기열전』, 서해문집, 2011, p.451.

〈사진 32〉 삼나무

특히 삼나무는 부자들이 경제림으로 생각할 만큼 중요한 나무였다. 개오동, 꾸지뽕나무, 대나무도 경제적 가치가 높은 나무였다. 그 외에도 경제적 가치가 높았던 나무는 뽕나무와 옻나무였다. 『후한서·번굉열전(樊宏列傳)』에 따르면, 개오동과 옻나무를 심어서 기물을 만들었다.

고대부터 경제적 가치가 높았던 나무 중 능소화과의 개오동[梓]에 대해서는 용어 정리가 필요하다. 왜냐하면 같은 한자지만 다른 나무로 이해할 수 있는 여지가 적지 않기 때문이다. 개오동을 의미하는 한자에는 재(梓), 추(楸), 추(萩), 가(檟)가 있다. 또한 개오동을 일컫는 다른 이름으로는 대엽오동(大葉梧桐), 가오동(假梧桐), 재백수(梓白樹), 황화추(黃花楸), 목각두(木角豆), 강두수(豇豆樹) 등 아주 다양하다. 개오동을 의미하는 이러한 다양한 이름은 대개 오동나무와 열매를 강조한 것이다. 그런데 한 가지 주의할 것은 개오동을 의미하는 재(梓)를 흔히 개오동으로 번역한다는 점이다. 그러나 가래나뭇과의 개오동과 개오동은 전혀 다른 나무이다. 『본초강목』에 따르면, 개오동에는 3종류, 즉 재·의(椅)·동(桐)이 있었다. '재'는 흰색이면서 열매 맺는 것을 일컬었으며, 각추(角楸) 혹은 자추(子楸)라 불렀다. 의는 황색이면서 열매를 맺지 않는 것을 의미했으며, 의추(椅楸) 혹은 형황추(荊黃楸)라 불렀다.[106] '추'는 잎이 크지만 일

106 李時珍, 앞의 책, pp.1994-1995.

찍 떨어져서 추라 불렀다. '가'는 잎이 작으면서 꽃이 일찍 피어서 붙인 이름이다. 당나라 때 입추에 '추' 잎을 팔았다. 부녀자나 어린아이들은 꽃을 잘라서 머리에 꽂았던 것도 이 나무의 가을 뜻을 빌린 풍속이다.[107]

〈사진 33〉 개오동나무

개오동에 대해서는 중국에서 가장 오래된 사전인 『이이주소』에도 등장한다. 중국 삼국시대 육기(陸璣)의 『모시초목조수충어소(毛詩草木鳥獸蟲魚疏)』에 따르면 개오동[梓]은 추 가운데 나무결이 성글고 색이 하얗고, 열매 맺는 것을 말한다. 또한 재처럼 열매를 맺지만 껍질은 오동나무와 비슷한 것이 의(椅)니, 대개 비슷하지만 다르다. 개오동이 경제적 가치를 지녔던 가장 큰 이유는 '목왕(木王)'으로 불릴 만큼 그 재질이 우수했기 때문이다. 개오동을 의미하는 '재(梓)'는 배관(百官)의 우두머리를 뜻하는 '재(宰)'의 뜻을 가진 한자이다. 그래서 개오동은 글자부터 '나무의 왕'이라는 뜻을 가지고 있다. 개오동이 이처럼

107 李時珍, 앞의 책, p.1995.

각광받았던 결정적 이유는 이 나무로 천자의 관을 만들었기 때문이다. 그래서 천자의 관을 '재구(梓柩)', '재관(梓棺)', '재궁(梓宮)'이라 불렀다. 중국 주나라에서는 천자의 관을 비롯한 국가의 주요한 물건, 즉 순(簨: 악기 다는 틀), 거(簴: 악기 다는 틀), 음기(飮器), 사후(射侯) 등을 만드는 관직인 재인(梓人)이 있었다. 호북성 조양(棗陽)의 구연돈(九連墩) 1호 초나라 묘에서 나온 거문고[瑟] 관련 나무 3건이 개오동나무였다. 호북성 증후을묘(曾侯乙墓)에서 나온 12건의 나무 중 10건이 개오동이었으며, 육안(六安)의 쌍돈(雙墩) 1호 한나라 묘에서 나온 나무도 개오동이었다.[108]

청대 장종법(張宗法)의 『삼농기(三農記)』에 따르면, 개오동으로 거문고를 만든 것은 소리가 맑았기 때문이다. 원나라 탈탈(脫脫)의 『송사(宋史)』에 따르면, 거문고[瑟]을 만드는 제도에는 오동나무로 배(背)를 만들고, 개오동으로 복(腹)을 만든다. 그래서 '동천재지(桐天梓地)'라 불렀다. 송대 진역(陳暘)의 『악서(樂書)』에 따르면 개오동은 거문고만이 아니라 쟁(箏: 거문고와 비슷한 13현의 악기)을 만드는데도 사용했다. 송대 구양수의 『신당서(新唐書)·예악지(禮樂志)』에 따르면, 『고려기(高麗伎)』, 고구려의 음악에는 탄쟁(彈箏), 추쟁(菘箏), 풍수공후(風首箜篌), 와공후(臥箜篌), 수공후(竪箜篌), 비파(琵琶) 등은 뱀 껍질로 조(槽)로 삼고, 두께는 1천 남짓이며, 개오동으로 면(面)을 삼았다.[109] 개오동은 이 외에도 교량을 만들거나 병을 치료하는 약재로 사용했으며, 가로수로도 이용했다. 개오동나무를 가로수로 삼은 것은 무엇보다도 잎이 커서 그늘을 많이 만들 수 있었기 때문이다. 남북조시대 소통(蕭統)의 『육신주문선(六臣注文選)』에 따르면, 옛날 사람들은 도로에 개오동을 심어 '장추(長楸)'라 불렀다. 명대 풍유눌(馮惟訥)의 『고시기(古詩紀)』에 따르면, "서쪽으로 장추가 접해 있고, 남쪽으로 소평진을 바라보네"라고 했다.[110] 개오동의 광범위한 활용은 지명에서도 확인할 수 있다. 사천분지의 재동현(梓潼縣), 사천성 삼대현의 옛 이름 재주(梓州), 호북

---

108 王樹芝·趙志軍·馮廣平, 「梓樹·楸樹的考古發現及其文化芻議」, 『農業考古』, 2015-1, p.220.

109 王樹芝·趙志軍·馮廣平, 앞의 논문.

110 王樹芝·趙志軍·馮廣平, 앞의 논문, p.221.

성 조양의 경우 근처에 동백산(桐柏山) 등에서 확인할 수 있다.

중국 춘추시대 노나라의 재경(梓慶)은 나무를 깎아 순과 거를 아주 잘 만드는 사람이었다. 이 사람이 순과 거를 어떻게 만드는 지에 대해서는 『장자(莊子)·달생(達生)』에 나온다. 그래서 재인을 일반적으로 '목수'라 부른다. 재인을 목수라 일컫는 예는 당나라 유종원(柳宗元)의 『재인전(梓人傳)』이나 원나라 설경석(薛景石)의 『재인유제(梓人遺制)』에서 찾아볼 수 있다. 책 출판을 '재행(梓行)' 혹은 '상재(上梓)', 판본(版本)을 '재본(梓本)'이라 부른 것도 판목(版木)에 개오동을 사용했기 때문이다. 중국 양(梁)나라 임방(任昉)의 『술이기(述異記)』에 따르면, 개오동의 정령이 청양(青羊)으로 변해서 백년은 홍(紅)색, 오백년은 황(黃)색, 또 오백년은 창(蒼)색, 오백년은 백(白)색으로 살았다.

〈사진 34〉 오동나무

개오동을 천자의 관을 비롯한 아주 중요한 물건을 만드는데 적극적으로 사용한 것은 이 나무가 습기에 잘 견디는 특성 때문이었다. 그래서 개오동은 매장문화에도 중요한 역할을 담당했을 뿐 아니라 묘소 주변에도 즐겨 심었다. 『사기』에 따르면, 춘추시대 오자서(伍子胥)가 죽으면서 "묘 위에 개오동을 심어서 그릇을 만들도록 해라"고 말했다. 이런 점으로 보아 개오동은 일종의 사목(社木), 즉 신성불가침의 '토지신'으로 인식했다. 청나라 간조량(簡朝亮)의 『상서집주술소(尚書集注述疏)』에 따르면, 대사(大社)에는 오직 소나무, 동사(東

社)에는 오직 측백나무, 남사(南社)에는 오직 개오동, 서사(西社)에는 오직 밤나무, 북사(北社)에는 오직 회화나무를 심었다.[111] 개오동이 있는 마을, 즉 재리(梓里)는 고향을 의미한다. 이는 부모가 자손을 위해 개오동을 심었기 때문이다. 정부에서는 후손들이 소나무와 더불어 개오동을 땔감으로 사용하지 못하도록 했다(김시습의 『서(書)』).

청대 장주(張澍)의 『촉전(蜀典)』에 따르면, 하나라 우왕은 독목선(獨木船: 통나무로 만든 배)을 만들기 위해 사천 재동현 니진산(尼陳山)에 1장 2천 가량의 큰 개오동이 있다는 것을 알고 기술자로 하여금 베게 했다. 그러나 수신(樹神)이었던 동자(童子)는 우임금의 명령을 듣지 않았다. 이에 우임금은 그를 책망한 후 개오동을 벴다. 또 하나의 전설은 대재우신(大梓牛神)에 관한 것이다. 청대 왕호(王灝) 등의 『광군방보(廣群芳譜)』에 따르면, 춘추시대 진(秦)나라 문공(文公)이 남으로 4백리에 이르는 종남산에 장안궁(長安宮)을 지었다. 종남산에는 개오동이 있었다. 종남산의 개오동은 장안궁을 덮을 정도였다. 그래서 문공이 개오동을 베려고 했으나 몇 칠 동안 걸려도 처리하지 못했다. 마침 큰 바람과 비가 내렸으며. 밤에는 귀신에 개오동나무에 물었다. 개오동이 말했다. "나를 어찌할 것인가?" 귀신이 말했다. "만약 300명으로 하여금 머리를 쪼갤 수 있다면, 사선수(絲線樹)로 너를 벨 것이다." 개오동은 말없이 응하지 않았다. 다음날 사람들이 이런 사실을 진나라 문왕에게 말하자, 왕이 이 말에 근거해서 개오동을 벴다. 개오동 숲 가운데 푸른 소가 있었는데 그를 쫓아내자 풍수(灃水)에 들어갔다. 한나라 무명씨의 『태평경(太平經)』에는 '명수(命樹)', 즉 생명의 나무 혹은 세계수에 대한 얘기가 전한다. 춘 3월의 생명수는 뽕나무, 하 삼월의 생명수는 대추나무와 자두나무, 가을 삼월의 생명수는 개오동과 산느릅나무, 겨울 삼월의 생명수는 회화나무와 측백나무다.[112]

『여씨춘추』에 따르면, 복사나무, 자두나무 등은 주요한 가로수였다. 중국에서 가로수는 본격적으로 심기 시작한 것은 춘추·전국시대였지만, 진나

111 王樹芝·趙志軍·馮廣平, 앞의 논문.
112 王樹芝·趙志軍·馮廣平, 앞의 논문.

라 때에도 수도 함양에 가로수로 소나무를 심었다. 후한 때의 주요 가로수는 느릅나무와 회화나무를 비롯하여 개오동, 오동나무 등 다양했다.[113] 느릅나무의 경우 변방에 심어서 흉노족의 침입을 막는 데 큰 역할을 담당했다.[114] 진나라 때 만리장성에 심은 느릅나무를 '유계새(楡谿塞)'라 하며, 『수경주(水經注)』에서는 광장유(廣長楡)라 불렀다. 그래서 만리장성을 '녹색장성'이라 불렀다. 『한서·한안국전(韓安國傳)』에 따르면, 몽염이 흉노를 침공하기 위해 "돌을 쌓아 성을 축조하고 변방에 느릅나무를 심어 방책을 삼으니, 흉노가 함부로 말에게 물을 먹이지 못하고 봉수(逢隧) 후에 말을 풀어 놓았다." 『관자(管子)·탁지(度地)』에 따르면, 제방이나 해자 및 도랑에는 가시나무를 심어 그 땅을 굳건히 하고 측백나무와 버드나무를 심어 제방 터지는 것을 막았다.[115] 대추와 밤의 경우는 농가에서 자연재해를 극복하는 대체작물로 각광을 받았으며, 국가에서도 적극 장려했다.[116]

〈사진 35〉 만리장성

113 최덕경, 앞의 책, pp.211-213.

114 張弘, 『戰國秦漢時期商人和商業資本硏究』, 齊魯書社, 2003, p.417.

115 최덕경, 앞의 책, p.211.

116 張弘, 앞의 책, pp.418-419.

2 —— 중세의 식물 분포

(1) 위진남북조시대의 나무: 『제민요술』의 나무

가사협(賈思勰, ?-?)의 『제민요술(齊民要術)』은 위진남북조시대의 식물을 이해하는 데 가장 중요한 자료이다. 『제민요술』은 중국의 현존하는 최고(最古)의 종합농서이다. 이 농서는 가사협이 6세기 경 북위(北魏)의 북양태수(北陽太守) 시절의 작품이며, 화북(華北)의 건조농법을 감고 있다. 특히 『제민요술』 단계에서는 중국인들의 나무에 대한 인식이 보존단계에서 상품화단계로 바뀐다는 사실에 주목할 필요가 있다. 예컨대 『주례』, 『예기』, 『맹자』, 『회남자』 등에서는 대부분 벌목 금지를 주장했다면, 『제민요술』에서는 벌목과 함께 수익도 고려하고 있다. 나무에 대한 이러한 인식의 변화는 경제성장과 더불어 나무를 재배하는 기술이 한층 나아졌기 때문이다. 그래서 『제민요술』에서는 나무를 재배하는 방법을 구체적으로 언급하고 있다.

『제민요술·화식』에는 부자들의 나무 재배 현황을 소개하고 있다. 산서성 남부 해주(解州) 하현(夏縣) 안읍(安邑)에는 대추나무가 천 그루, 하북이나 섬서 지역의 밤나무는 천 그루, 사천이나 한중(漢中)과 강릉(岡陵)의 귤나무는 천 그루, 안휘의 형남(滎南)과 황하의 지류 제수(濟水)에는 개오동이 천 그루, 하남 회양(淮陽) 등지와 우현(禹縣)에는 옻나무가 천무, 산동의 제와 노 지역에는 뽕나무와 대마가 천 무, 섬서 위천에는 대나무가 천 무가 있었다. 이처럼 엄청난 규모의 나무들은 모두 천호(千戶)의 제후 소유였다. 『제민요술』에는 나무의 상품화를 반영하는 속담도 소개하고 있다. 즉 "농사짓는 것은 수공업만 못하고, 수공업은 상업만 못하다. 집에서 바느질하는 것은 시장에서 장사하는 것보다 못하다." 당시 모든 읍과 큰 도시에서는 땔나무 1천 수레, 나무 1천 그루, 죽간(竹竿) 1만개. 옻칠한 목기 1천 개, 치자나무와 꼭두서니 1천 섬[石], 대추와 밤 1천 석, 단향목(檀香木)[旃] 1천 구(具), 채취한 과실 1천 종을 가지고 있었다. 이러한 식물은 중개인을 통해 거래되었다. 당시 탐욕스러운 상인은 3할의 이윤을, 청렴한 상인은 5할의 이윤을 얻었다. 탐욕스러운 상인이 이윤을 적게 얻은 것은 팔지 말아야 할 때 팔고, 사지 말아야 할 때 샀기 때문이고, 청렴한 상인이 이윤을 많이 얻은 것은 반대로 했기 때문이다.

『제민요술』의 나무 관련 내용은 전체 10권 중 제4권(31장-44장)과 제5권(45장-55장)에서 다루고 있다. 나무가 차지하는 비중은 전체 91장 중 23장을 차지하고 있다. 이는 전체 내용 중 25%를 차지할 만큼 높은 비중이다. 『제민요술』의 나무 관련 내용에서 가장 먼저 다루고 있는 것은 과수원의 울타리[園籬]다. 울타리를 먼저 언급한 것은 울타리가 나무를 심는 데 가장 중요한 기본이었기 때문이다. 울타리는 씨앗을 뿌리는 데 필요할 뿐 아니라 짐승들의 피해를 막는데 매우 중요했다. 울타리에 사용한 나무는 주로 멧대추와 탱자나무였다. 두 나무는 모두 가시가 있었기 때문이다. 때론 버드나무로 울타리를 만들기도 했다. 그 다음으로 언급한 내용은 나무심기[栽樹]이다. 나무심기에서 가장 중요한 것은 음양의 방향이었다. 특히 나무를 옮겨 심을 때 원래 있던 나무의 남북 방향을 잘 기억했다가 거꾸로 심지 않도록 주의할 것을 강조하고 있다. 왜냐하면 음양의 위치가 바뀌면 성장에 방해가 되기 때문이었다. 다만 작은 나무를 옮겨 심을 때는 일일이 방향을 맞추지 않았다. 이처럼 큰 나무와 어린 나무를 구분한 것은 큰 나무의 경우 거의 성장이 끝나서 옮긴 곳에 적응하기가 쉽지 않았기 때문이고, 어린 나무는 적응이 상대적으로 쉬웠기 때문이다. 아울러 옮기는 나무 중에서 큰 나무는 가지를 쳐야하고, 작은 나무는 가지를 자르지 않았다. 그 이유는 큰 나무는 바람에 쓰러질 가능성이 높은 반면 작은 나무는 그럴 가능성이 낮았기 때문이다.

『제민요술』에는 나무 심는 시기를 자세하게 언급하고 있다. 정월이 가장 좋은 시기[上時]이며, 2월은 그 다음 때[中時]이며, 3월은 가장 좋지 않은 때[下時]였다. 대추나무는 계구(鷄口: 닭의 입), 회화나무는 토목(兎目: 토끼 눈), 뽕나무는 하마안(蝦螞眼: 새우와 개미의 눈), 느릅나무는 부류산(負瘤散: 혹), 잡목은 서이(鼠耳: 쥐의 귀)와 맹시(虻翅: 등에의 날개) 때 옮겨 심는다. 이러한 표현은 나뭇잎의 모양을 비유한 것이다. 후한시대 최식(崔寔)의 『사민월령(四民月令)』에 따르면, 정월 초하루에서 그믐날까지 대나무, 옻나무, 오동나무, 개오동, 소나무, 측백나무, 잡목을 심을 수 있었다. 다만 과실나무는 보름까지 일을 마쳐야 했다. 왜냐하면 보름을 넘기면 열매가 작아지기 때문이다. 『제민요술』의 나무 심기에서 언급한 나무는 대추나무, 복사나무, 사과나무, 자두나무, 매실나무, 살구나무, 배나무, 밤나무, 능금나무, 감나무, 석류나무, 모과나무, 산초나무, 쉬나무, 뽕나무, 꾸지뽕나무, 느릅나무, 백양나무, 팥배나무, 닥나무, 옻나무, 회화나무, 버드나무, 호두나무, 개오동, 오동나무, 떡갈나무, 대나무, 치자나무 등이다.

『제민요술』의 나무 베기[伐木]에서는 시기에 대해 자세히 언급하고 있다. 나무 베기에서 가장 적당한 시기는 4월과 7월이다. 그 이유는 벌레가 붙지 않고 단단하고 질기기 때문이다. 느릅나무의 경우 꼬투리가 떨어지고, 뽕나무의 경우 오디가 떨어질 무렵도 나쁘지 않았다. 이런 점으로 보면 열매를 맺는 나무의 경우 열매가 익을 때가 적당하다. 그러나 시기를 놓칠 경우 나무를 벤 후 1개월 정도 물에 담그든가, 불에 말리든가하면 벌레가 먹지 않았다. 『주례』에는 봄과 여름에 잘 자라는 양목(陽木)은 한겨울에 베고, 겨울에 잎이 떨어지지 않는 나무인 음목(陰木)은 여름에 벴다. 계절에 맞게 양목과 음목을 베는 것은 단단하고 부드러움을 조절하기 위해서였다. 그러나 측백나무의 경우 나무의 특성상 벌레를 먹지 않기 때문에 어느 때라도 벨 수 있었다. 그러나 산 속의 잡목은 반드시 7월이나 4월에 베지 않으면 어느 곳에 자라는 나무든 벌레를 먹었다. 이런 점에서 『주례』의 벌목 시기에 대한 얘기는 음양의 조화를 강조한 것이지 벌레 먹는 여부와 관계없는 것이다.

『제민요술』에는 나무 베기를 금지한 이전 시대의 내용도 소개하고 있다. 『예기·월령』에 따르면, 초봄 달[孟春]에는 나무 베기를 금지한다. 왜냐하면 나무가 덕이 성한 상태이기 때문이다. 초여름 달[孟夏]에는 큰 나무를 베지 말아야 한다. 때의 기운에 역행하기 때문이다. 늦여름 달[季夏]에는 나무가 당연히 무성하게 자란다. 산림이나 사냥을 맡아 관리하는 우인(虞人)에게 명하여 사람들이 산에 들어가 나무를 찾기 때문에 나무를 베지 못한다. 이 시기에는 나무가 강인하지 못하다. 늦가을의 달[季秋]에는 초목의 잎이 누렇게 물들어 떨어진다. 땔감을 베로 숯을 만든다. 한겨울의 달[中冬]에는 해가 짧아서 나무를 베고 대나무와 조릿대를 얻는다. 이 시기에는 모든 나무들이 가장 단단한 특성을 이룬다. 『맹자』에서는 “때 맞춰 도끼를 들고 숲에 들어가면 재목은 다 사용할 수 없다.” 『회남자』에서도 나무에 잎이 떨어지지 않으면 도끼를 들고 숲에 들어가지 말아야 한다“고 했다.

〈그림 3〉 진 · 한 · 위진남북조시기황하중류삼림분포

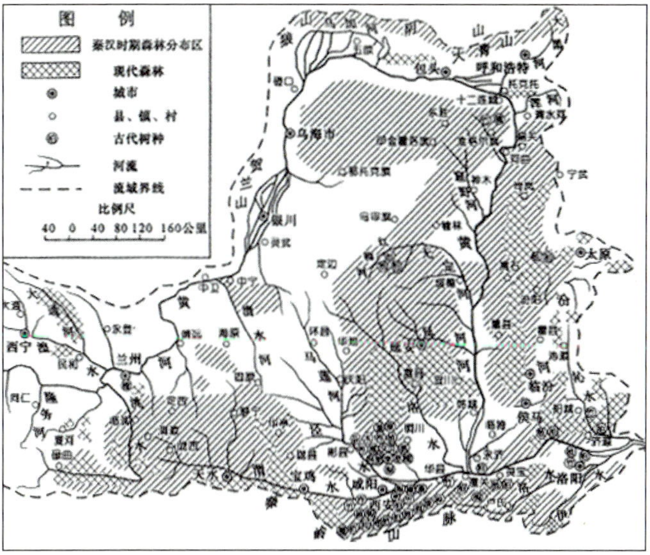

출처: 史念海, 『黃土高原』, 黃河水利出版社, 2002, p.462.

(2) 당 · 송시대의 나무

당·송왕조는 중국이 이전시대와 달리 경제를 비롯해 문화측면에서 큰 변화의 시대였다. 특히 당나라는 수나라에 이어 세계제국을 구축한 탓에 귀족들의 나무에 대한 관심이 아주 높았다. 그래서 귀족들이 살았던 당나라의 수도 장안은 그 어느 시대보다 다양한 나무들이 살았을 뿐 아니라 나무에 대한 인문학적 문화도 풍성하게 탄생했다. 장안의 종남산은 당나라의 나무를 대표하는 장소였다. 해발 2,604미터의 종남산은 남산, 태일산(太一山), 지폐산(地肺山), 주남산(周南山)이라 불렀다. 『시경·진풍(秦風)』에서는 종남산의 매화나

무를 노래하고 있다. 종남산에는 만 그루의 과실나무가 있었다. 사마광(司馬光, 1019-1086)의 글에 따르면, 산하(滻河), 즉 장안의 남전현에서 위수로 흐르는 곳에 긴 숲이 있었다.[117] 대나무도 장안에서 빼놓을 수 없는 나무다. 수·당시대 주지(盩至)와 호현(鄠縣)의 경우 사죽감(司竹監)을 둘 정도였다. 사죽감은 원대까지도 이어졌다. 사죽감은 대나무가 종이의 원료였다는 점과 결코 무관하지 않다. 1635년 장유(張維)의 『계곡만필(谿谷漫筆)』에 따르면, 중국 송나라 장천기가(張天祺)가 사죽감이 되었을 때에 온 집안이 죽순을 먹지 않았다는 내용을 적고 있다. 송나라 때는 대나무 숲이 한층 늘어나 주지와 호현을 넘어 서쪽으로 무공현(武功縣), 심지어 서쪽 봉상(鳳翔), 보계(寶鷄), 양평(陽平)까지 이르렀다. 낙양의 경우 다른 나무들은 줄었으나 대나무는 그렇지 않았다. 산서 태행산 남쪽의 심양(沁陽)분지에도 대나무가 많았다. 일반인들의 주택이나 산록, 물가 등지에서 모두 대나무를 심었다.[118]

수당시기 구릉지의 산림은 약간의 변화가 있었다. 위하 상류지역의 경우 삼림이 아주 빽빽했다. 서북 지역은 대체로 사람들의 출입이 적었다. 수양제가 이 지역을 침공할 때도 긴 숲이 있었으며, 송대에도 흑송림(黑松林)이 있었다. 그러나 북송 초 농산 서쪽 산록에서 감곡현까지는 숲이 없었다. 당나라 때 농산 동북의 감천산 아래 순화현(淳化縣)에는 평림(平林)이 있었다. 이곳은 진한시대에 이궁(離宮)이 있었던 곳이다. 더욱이 이곳에는 이궁이 사라지고 사람들이 줄어들면서 숲은 한층 울창해졌다. 산서 서북지역은 송대의 주요한 목재 생산 지역이었다. 『태평환우기(太平寰宇記)』에 따르면, 석주(石州), 남주(嵐州) 등지, 특히 여양산(呂梁山) 중에서도 태원부(太原府), 분주(汾州), 진주(晋州)는 소나무와 측백나무 숲으로 유명했다. 그러나 송대의 이곳 지방지 「토산」에는 소나무와 측백나무가 등장하지 않는다. 이는 송대에 이 지역의 숲을 제거했다는 뜻이다.[119]

당나라 때 종남산에는 여러 종류의 나무들이 울창했다. 그래서 종남산을

---

117 史念海, 앞의 책, p.461.
118 史念海, 앞의 책, p.463.
119 史念海, 앞의 책, p.465.

'청장(青嶂)', 즉 푸고 높은 산'이라 불렀다. 서안 남전 도로에는 즐비했다. 남전 도로가에 삼나무가 많았다는 내용은 한유(韓愈)의 「남산시(南山詩)」에서도 찾아볼 수 있다. 남산의 삼나무는 아주 빽빽해서 낮에도 밤처럼 어두울 정도였다. 한유의 시는 아주 뛰어나서 조선시대 사대부들도 즐겨 읽었다. 이익은 『성호사설』권28 「남산시(南山詩)」에서 한유의 글을 소개하고 있다.

나는 우연히 남산시(南山詩)를 열람하고서 한퇴지(韓退之)가 과연 무슨 뜻으로 이 시를 지었는지는 알지 못하나, 결단코 이것이 만흥희필(漫興戱筆)은 아님을 알았다.

대개 천지의 사이에 이치가 갖추지 아니한 것이 없기 때문에 물마다 있지 않은 것이 없다. 초목(草木)으로 징험하고 금수(禽獸)로 징험해도 특이한 품성(品性)과 기괴한 형태, 대소 장단과 경중 강약이 있고, 색깔도 옅고 짙은 것이 있고 기(氣)도 좋고 추한 것이 있어서, 대개는 모조리 갖추지 않은 것이 없다. 내가 혹시 보지 못해 의거할 수 없다 하여 반드시 그럴 리 없다고 하겠는가'?

인심과 세도(世道)에 미루어 보더라도 선악이 각자 얼굴처럼 다르고 변고가 백억 가지로서, 그 어렵고 쉽고 느리고 급한 사이에 놀랄 만하고 슬퍼할 만하고 기뻐할 만하고 수심할 만한 것이 모두 갖추어 있지 않은 것이 없으며, 문장(文章)과 사조(詞藻)에 미루어 보더라도 그 편안하고 무거움은 산과 같고 활동함은 물과 같고 세밀함은 실[絲]과 같고 빼어남은 꽃과 같고 변하는 형상은 구름과 같고 힐굴(詰屈)함은 등(藤)과 같고 아슬함은 신선과 같고 황홀함은 귀신과 같고 밝음은 일월과 같고 높음은 별과 같고 깊음은 구덩이와 같고 굳음은 금철(金鐵)과 같고 장건함은 준마가 치달리는 것과 같고 조용함은 어여쁜 규중처녀와 같고 넓고 멀기는 바다와 같고 다함없이 번성함은 수죽(脩竹)이 포기지어 나는 것과 같고, 교(巧)가 있으면 졸(拙)이 있고 전(全)이 있으면 편(偏)이 있어서, 대개 다 갖추지 않은 것이 없다.

한공(韓公)이 이것을 붓 끝으로 묘사해 내려 했으니, 산(山)이 아니면 그렇게 할 수 없다. 그 시를 읽어 보면, 거문고 · 피리의 곡박(曲拍)과 같아서 나아가고 물러감이 절(節)에 맞아 안팎 섬말(纖末)이 다 구비하지 않은 것이 없으니, 시가(詩家)의 묘(妙)가 이에 이르러 지극하다 하겠다.

대개 일생의 물(物)을 거스르는 성품을 다 드러낸 것이다. 50개의 혹(或)자 가운데 사람의 정상이 갖추어 있는 것이니, 구원(九原)에서 다시 살아온다면 반드시 빙그레 웃을 것이다.

송대에도 남산의 죽림은 여전했다. 그래서 남산 아래의 계곡은 임천승경(林泉勝景), 즉 숲과 계곡이 어우어진 절경이었다. 남산과 이웃한 화산(華山)에도 숲이 적지 않았다. 산 정상 부근에는 소나무와 측백나무가 많았다. 그러나 당대 화산아래에서 그다지 멀지 않은 동관(潼關)의 동쪽편에 구함곡관에는 소나무와 측백나무에 대한 기록이 없지만 송대에는 여전히 소나무와 측백나무가 많았다. 숭산이나 산서성의 여러 곳에서도 소나무가 많았다.[120] 관중 서북의 농산에는 당나라 대 숲이 많았던 곳이다. 육반산(六盤山)도 마찬가지였다. 당대 천태산에는 이궁이 있었던 까닭에 숲이 적지 않았다. 황룡산의 송림도 기록에 남아 있다. 섬서 북쪽 횡산의 산림도 우수했다. 그러나 진·한이래 이 지역의 숲에 대한 기록이 없다가 북송 때 측백나무 숲이 아주 뛰어났다. 당송시기 횡산산맥 동쪽의 수덕(綏德), 즉 수주(綏州)의 성 부근에는 나무가 거의 없었지만, 수주의 동남과 황하 사이의 산에는 숲이 적지 않았다. 수덕 미지(米脂)서북의 은주성(銀州城)은 서하(西夏)가 점령한 곳이었다. 은주성 남쪽 곳곳에 측백나무가 있었다. 서하는 이곳의 측백나무 숲을 이용해서 송나라 군대를 공격했다. 서하의 군대가 물러나자 송나라는 이곳에 다시 성을 복원하면서 측백나무를 이용했다.[121] 미지 동북의 신목현(神木縣)은 당·송시대의 인주(麟州)다. 인주는 당나라 때 소나무 숲으로 유명했다. 왕유의 「신진군송수가(新秦郡松樹歌)」에서 확인할 수 있다. 그런데 신목의 대백유보(大柏油堡)와 백림보(柏林堡)에서 보듯이 보는 측백나무로 만들었다.[122]

섬서의 울창한 숲은 수·당제국이 관중 남북 여러 산의 나무를 이용한 대규모 토목공사로 크게 훼손되었다. 당나라는 하남 육혼(陸渾)과 이양(伊陽)에 각각 감사(監司)를 설치하여 벌목을 전담케 했다. 해발 2,094미터의 웅이산(熊耳山)과 해발 2,153미터의 외방산(外方山)의 나무를 베어서 이하(伊河)를 이용해서 장안으로 운반했다. 이런 과정에서 북송시기 낙양 부근의 황하 남북의 송

120 史念海, 앞의 책, p.467.
121 史念海, 앞의 책, pp.470-471.
122 史念海, 앞의 책, pp.471-472.

림은 대부분 사라지고 민둥산으로 변했다. 그러나 당나라 때 이 지역의 산들은 대부분 민둥산으로 변한 상태였다. 송대의 산림훼손은 당대보다 한층 심했을 뿐 아니라 지역도 넓었다. 낙양의 이수(伊水)와 낙수(洛水) 유역 주변의 여러 산에는 벌목으로 소나무 숲이 없었다. 섬서 관중 지역의 여러 산의 나무들은 수당시대를 거치면서 대부분 사라졌지만, 송대에는 어느 정도 남아 있었다. 당시 벌목 지역은 진령(秦嶺)과 농산(隴山)이었다. 송왕조가 개봉을 건설할 당시 인근 지역에서는 나무를 확보할 수 없었다. 따라서 송대의 벌목 지역은 낙양을 벗어나 산서의 남주, 석주, 분주 등으로 확대되었다. 당대 벌목지구 중 하나였던 남주는 송대에도 계속 벌목 지역이었다. 석주는 송대 새롭게 지정된 임장(林場)이었다. 여량산에 위치한 이석현(離石縣)은 동으로 분양현과 상당히 떨어진 준령이며 번산(繁山)을 통해 느릅나무를 운반하는데 불편했다. 그래서 치소였던 분주에 임장이 있었다. 분양 임장의 목재는 소하(小河)를 거쳐 분하(汾河)를 통해 운반되었다. 북송 말 분양 부근에 가뭄이 들어 물이 말라 쌓아둔 녹나무와 개오동이 만 그루에 이르렀다.[123]

〈사진 36〉 녹나무

123 史念海, 앞의 책, p.475.

〈그림 4〉 당 · 송시기 황하중류의 삼림분포도

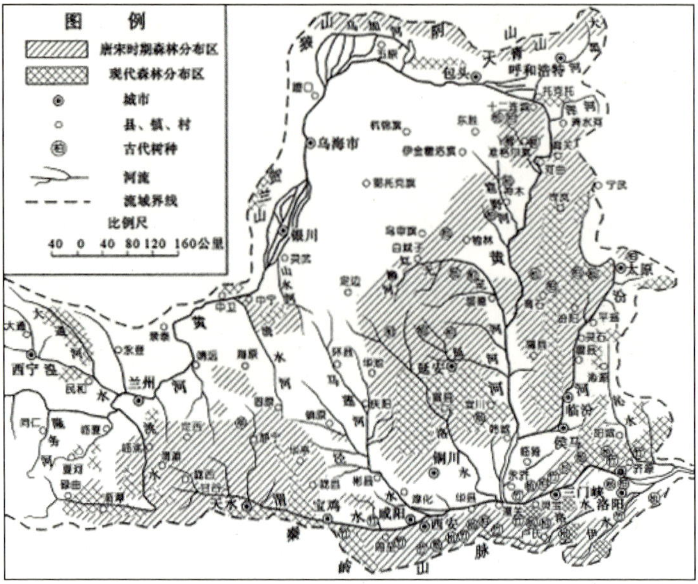

출처: 史念海, 『黃土高原』, 黃河水利出版社, 2002, p.479.

(3) 원대의 나무: 『농상집요』 · 『왕정농서』의 나무

원나라는 이민족이 한족의 중국을 처음으로 통일한 왕조였다. 원나라 때에 간행된 농서 중 『농상집요(農桑輯要)』와 『왕정농서(王禎農書)』는 중국 농업사를 이해하는 데 매우 중요한 자료이다. 1273년 원나라 맹기(孟祺), 창사문(暢師文), 묘호겸(苗好謙) 등이 편찬한 『농상집요』는 제목에서 보듯이 농업과 잠상에 관한 정보를 담고 있다. 권1에는 전훈(典訓), 권2에는 경간(耕墾) · 파종(播種), 권3에는 재상(栽桑), 권4에는 양잠(養蠶) 등, 권5에는 과채(瓜菜) · 과실(果實), 권6에는 죽목(竹木) · 약초(藥草), 권7에는 자축(孳畜) · 금어(禽魚), 끝에는 세용잡사(歲用雜事) 등으로 구성되어 있다. 『농상집요』는 이전 시대에 전혀 찾아볼 수 없었던 농서이다. 이 같은 농서가 원나라 때 등장한 것은 중국이 당 · 송시대를 거치면서 농업 생산력이 한층 상승했다는 것을 반영한다. 특히 『잠상집요』의 잠상 관련 정보는 원대에 유럽과 아시아 간의 내륙 교통로가 열리면서 잠사

(蠶絲)에 대한 수요가 증가했기 때문이다. 특히 『잠상집요』에는 목화 재배에 대한 정보가 수록되어 있다. 『농상집요』는 『제민요술』이 후 중국에서 간행한 종합농서이다. 우리나라에서는 고려시대 이암(李嵒, 1297-1364)이 원나라에서 수입했다.

『농상집요』에는 뽕나무에 대해서는 심는 법을 비롯해서 가지치기 등 아주 자세하게 언급하고 있다. 아울러 꾸지뽕나무에 대해서도 상당히 자세하게 언급하고 있다.[124] 뽕나무 외의 나무에 대해서는 권5 「과실」과 권6 「죽목」에서 다루고 있다. 「과실」에서 언급한 나무는 복숭아, 자두, 매화, 살구, 사과, 능금, 대추, 밤, 감, 안석류, 모과, 은행, 등자나무, 귤, 풀명자 등이다. 그런데 『잠상집요』의 내용은 대부분 『제민요술』의 내용을 정리한 것이다. 능금나무와 대추나무와 관련해서 흥미 있는 내용을 수록하고 있다. 능금나무의 경우 정월과 2월 사이에 도끼머리 쪽으로 나무 곳곳을 두드려주면 열매를 많이 맺는다[125] 대추나무의 경우 정월 초하루에 태양이 떠오를 때 도끼머리로 나무 위를 군데군데 두드리는 것을 '대추나무 시집보내기'라 불렀다. 두드리지 않을 경우 꽃이 피지만 열매를 맺지 않고, 도끼의 날로 여기저기를 찍으면 열매가 시들어 말라 떨어졌기 때문이다. 아울러 대추나무의 경우 익은누에가 섶에 오를 때 몽둥이로 가지 사이를 두드려서 지나치게 많이 핀 대추나무 꽃을 떨어뜨렸다. 두드리지 않으면 꽃이 무성하게 피지만 오히려 열매가 잘 열리지 않았기 때문이다.[126]

「죽목」에서 언급하고 있는 나무는 대나무를 비롯해서 소나무, 느릅나무, 사시나무, 팥배나무, 닥나무, 회화나무, 버드나무, 호두나무, 개오동, 벽오동, 옻나무, 떡갈나무, 조각자나무, 멀구슬나무, 참죽나무 등이다. 대나무와 관련해서 『잠상집요』에는 『제민요술』에 없는 재미 있는 내용을 담고 있다. 북송시대 소식의 『지림(志林)』에 따르면, 대나무에는 암수 구별이 있다. 암대나무의 죽순이 많기 때문에 대나무를 파종할 때는 반드시 암대나무를 선택해야

---

124 元刻大字本, 石聲漢 校注, 최덕경 역주, 『농상집요역주』, 세창출판사, 2012, pp.189-264.
125 元刻大字本, 石聲漢 校注, 최덕경 역주, 앞의 책, p.463.
126 元刻大字本, 石聲漢 校注, 최덕경 역주, 앞의 책, p.464.

한다. 생물은 모두 음양의 구분을 벗어날 수 없기에 믿지 않을 수 없다. 암수를 구분하려면 대나무 줄기 아랫부분의 첫 번째 가지가 두 개면 암대나무이고, 하나면 수대나무이다. 대나무는 꽃이 피면 갑자기 말라죽는다. 꽃에 달리는 씨가 피와 같으니, 이를 '죽미(竹米)'라고 부른다. 한 그루의 대나무에 꽃이 피어 시간이 흐르면 모든 대나무에 꽃이 핀다. 이를 치료하는 방법은 막 죽미가 달일 때 비교적 큰 한 그루를 선택하여 그 뿌리에서 3자 정도 되는 곳을 잘라내고 마디 사이를 뚫어 그 속에 거름을 채워 넣으면 꽃 피는 현상이 멈춘다.

『잠상집요』는 태종 17년(1417) 5월 24일 『농상집요』「양잠방」을 번역·반포한 데서 알 수 있듯이 우리나라에 적잖은 영향을 주었다.

> 경기 채방 판관(京畿採訪判官) 권심(權審)이 황진사(黃眞絲)와 누에고치[繭]를 올렸다. 처음에 전 예문관대제학(藝文館大提學) 이행(李行)이 『농상집요(農桑輯要)』 내의 「양잠방(養蠶方)」을 뽑아서 자기 스스로 경험했더니 수확이 보통 때의 배(倍)나 되므로 드디어 판간(板刊)하여 세상에 행하게 했다. 국가에서 민간이 중국어를 알지 못할까 염려하여 의정부 사인(議政府舍人) 곽존중(郭存中)에게 명하여, 우리 나라 말[俚語]을 가지고 「양잠방」 귀절에 협주(夾註)를 내게 하고 또 판간하여 널리 배포했다. 그러나 우리나라에서 본래부터 익혀 온 것이 아니라서 모두 양잠하기를 즐겨하지 아니했다. 이에 다시 명하여 각도에서 한광(閑曠)하고 뽕나무가 있는 곳을 택하여 채방(採訪)을 나누어 보내고, 전농시(典農寺)에 속한 노비에게 그 잡역(雜役)을 면제하여 주며 그들로 하여금 양잠하여 민간에 보이게 했다. 또 후궁(後宮)으로 하여금 친히 자양(自養)하게 하여 많은 소득을 얻었다.

『왕정농서』는 왕정이 편찬한 농서이다. 『왕정농서』의 가장 중요한 특징은 농구의 도보(圖譜)다. 특히 도보는 이후 농서에서 인용한 기준이기도 했다. 이 농서는 1304년 원나라 정부에서 농서를 간행하라는 조서와 1313년 서문의 작성 시기만 알 수 있을 뿐 정확한 간행시기를 알 수 없다. 『왕정농서』의 나무 정보는 기본적으로 『농상집요』와 비슷한 내용을 담고 있다. 『왕정농서』에서 언급한 과실나무는 배, 복숭아, 자두, 매실, 살구, 내, 능금, 대추, 밤, 감, 여지, 용안, 감람, 석류, 모과, 은행, 귤, 등자나무, 풀명자 등이다.『왕정농서』에는『잠상집요』와 달리 용안, 감람 등 남쪽 과일나무가 등장하고 있다. 따라서『왕정농서』는『잠상집요』에 비해 전국의 과실나무를 소개하고 있다는 것을 알 수 있다.『왕정농서』에 등장하는 나무는 대나무를 비롯하여 소나무, 느릅나무, 버드나무, 떡갈나무, 멀구슬나무, 닥나무, 조각자나무, 옻나무 등이다.[127]『왕정농서』에는『잠상집요』보다 등장하는 나무가 적다.

(4) 명대의 나무:『본초강목』·『삼재도회』·『장물지도설』·『농정전서』의 나무

1596년 이시진(李時珍, 1518-1593)이 편찬한『본초강목(本草綱目)』은 중국 본초학을 지대성한 대작이다.『본초강목』은 이시진 혼자의 힘으로 30년에 걸쳐 집대성한 세계 인류사의 금자탑이다. 그래서『본초강목』은 2011년에 유네스코 세계기록유산으로 등재되었다. 이 작품에는 총 1,892종의 약재가 수록되어 있다.『본초강목』은 기본적으로 약효를 기본으로 하는 본초학이지만 관련 이전의 다른 자료에서는 거의 찾아보기 어려운 식물의 이름 유래를 비롯해 약효와 관련한 인문 정보도 아주 풍부하다.『본초강목』에서도 나무를「과부(果部)」와「목부(木部)」로 나누었다. 그러나『본초강목』에는 기존의 자료에 등장하는 나무와는 비교할 수 없을 만큼 많은 종류를 소개하고 있다.[128]

『본초강목』중「과부」에서 소개하고 있는 나무는 104종류이다. 그러나 과부에는 감자(甘蔗:사탕수수), 사탕(沙糖), 석밀(石蜜:꿀), 자밀(刺蜜:꿀의 일종), 첨과(甛瓜:참외) 등 풀도 포함시키고 있을 뿐 아니라, 차나무, 초피나무, 수유나무 등 기존의 식물관련 자료에서 과일로 취급하지 않았던 나무도 포함시키고 있다. 이시진의 이러한 분류 방식은 식물을 본초학에서 인식했기 때문이다.「목부」에 소개하고 있는 나무는 161종이다. 그러나 선인장을 비롯해서 식물분류학에서 나무로 분류할 수 없는 종류도 포함되어 있다. 이처럼『본초강목』에는

127 王毓瑚 校,『王禎農書』, 農業出版社, 1981, pp.125-158.
128 李時珍, 앞의 책, pp.1727-2144.

나무의 종류가 기존의 자료에 비해 아주 많이 수록되어 있지만, 분류학적인 측면에서는 약간의 문제를 안고 있다. 그러나 『본초강목』의 나무 소개는 관련 내용만이 아니라 자료까지 언급하고 있다는 점에서 사료적인 가치가 아주 높다. 물론 기존의 자료에서도 관련 자료를 소개하고 있지만, 『본초강목』에서는 이시진 자신의 견해를 적극적으로 담고 있다는 점을 강조하지 않을 수 없다. 『본초강목』은 인조26년(1648) 『승정원일기』에 소개하고 있다.

명나라의 왕기(王圻)와 그의 아들 왕사의(王思義)가 편찬한 『삼재도회(三才圖會)』는 제목처럼 그림까지 수록한 작품이다. 그래서 『삼재도회』는 그 어떤 식물관련 자료보다 식물의 이름을 정확하게 이해할 수 있는 장점을 갖고 있다. 왜냐하면 글자만으로는 식물을 정확하게 이해하기가 아주 어렵기 때문이다. 특히 같은 한자라도 다른 식물을 의미하는 사례가 적지 않다는 점을 감안하면 『삼재도회』의 식물 그림은 매우 소중한 정보다. 우리나라에서는 1720년 조선 후기의 이의현(李宜顯)이 청나라에 다녀오면서 구입했다. 그가 남긴 『경자연행잡지(庚子燕行雜識)』에는 당시 구입한 책 목록을 수록하고 있다. 이의현이 연행사절로 참가하면서 서울에서 의주(義州)까지 23일이 걸렸다. 그들이 압록강에서 북경에 이르기까지 32일이 걸렸고, 북경에 42일 동안 머물렀다. 돌아올 때에는 북경에서 압록강까지 28일이 걸렸고, 의주에서 서울까지 13일이 걸렸다. 그들이 서울에서 북경을 왕복한 기간이 138일이었다. 『삼재도회』는 이렇게 힘든 과정을 통해 조선에 들어왔다. 『삼재도회』는 일종의 백과사전이었을 뿐 아니라 모든 항목에 그림까지 덧붙여 있었기 때문에 조선에서 중국을 이해하는 데 큰 도움이 되었다. 조선의 이름이 중국 황제의 얼굴을 알 수 있었던 것도 『삼재도회』 덕분이었다.

『삼재재회』는 1713년 일본의 데라시마 요야스[寺島良安]가 일본과 비교한 『화한삼재도회(和漢三才圖會)』를 간행했다. 『화한삼재도회』는 단순히 『삼재도회』를 번역한 것이 아니라 자신들의 문화와 비교·검토했다는 점에서 높이 평가할 수 있다. 이는 일본과 조선의 문화수용의 차이점 중 하나이다. 우리나라에서는 『삼재도회』를 번역 없이 그대로 수용한 반면 일본은 번역을 넘어 자신의 문화 속에서 수용했다. 물론 조선은 한문에 밝은 지식인이 아주 많아서 번역의 필요성을 강하게 느끼지 않았을 가능성이 높지만, 결과적으로 보면 일본의 수용 태도가 긍정적인 결과를 낳았다. 왜냐하면 이옥(李鈺, 1760-1812)을 비롯한 조선 후기 실학자들이 오히려 『화한삼재도회』를 참고 했기 때문이다. 정약용은 '유영재(柳泠齋) 득공(得恭) 필기(筆記)에 대한 평(評)'에서 『화한삼재도회』를 인용하고 있다. 『화한삼재도회』는 에도시대의 백과사전이었다는 점에서 일본의 역사와 문화에 엄청난 영향을 준 반면, 조선에 수입한 『삼재도회』는 일본만큼 큰 영향을 주지 못했다. 조선에서는 『화한삼재도회』가 간행된 지 123년 뒤인 1836년에서야 권문해(權文海)가 최초의 백과사전인 『대동운부군옥(大東韻府群玉)』을 간행했다.

'삼재도회'의 '삼재'는 천지인(天地人)을 의미한다. 천문·지리·인물·시령(時令)·궁실(宮室)·기용(器用)·신체·의복·인사(人事)·의제(儀制)·진보(珍寶)·문사(文史)·조수(鳥獸)·초목(草木)의 14부문으로 분류했다. 그 중 식물의 정보를 담고 있는 부문은 초목이다. 그런데 『삼재도회』 앞 시대의 식물관련 자료와 달리 나무 중 과실을 따로 분류하지 않았다. 『삼재도회』 중 권8과 권9에 수록한 나무는 전체 79종이다.

『장물지도설(長物志圖說)』은 문진형(文震亨, 1585-1621)이 천계연간(天啓年間, 1621-1627)에 편찬한 『장물지(長物志)』에 주석가가 그림을 더해서 편찬한 것이다. 그래서 『장물지도설』의 그림에는 청대의 자료도 들어 있다. 그러나 모든 항목에 그림이 있는 것은 아니라 간혹 빠져 있는 경우도 있다. 『장물지』는 중국의 대표적인 원예서이다. 그래서 이 작품은 중국의 정원을 이해하는데 중요한 자료이다. 원예에는 반드시 식물이 필요하다. 『장물지』를 편찬한 문형진이 명대의 유명한 서예가이자 화가인 문징명(文徵明, 1470-1559)의 손자라는 점도 그를 이해하는 중요한 정보이다. 중국 강남의 소주 출신 문징명은 서정경(徐禎卿), 축윤명(祝允明), 당인(唐寅) 등과 함께 '오중사재자(吳中四才子)'로 불릴 만큼 유명한 인물이었다. 문형진이 『장물지』를 남길 수 있었던 것도 결코 증조의 영향과 무관하지 않다. 그러나 우리나라의 실록을 비롯한 각종 문집에는 『장물지』를 찾아볼 수 없다.

『장물지도설』의 식물은 권11 「소과(蔬果)」에서 다루고 있다. 여기서 언급한 나무는 앵두나무, 복사나무, 매실나무, 살구나무, 자두나무, 귤나무, 등자나무, 감귤, 향연(香櫞: 레몬), 비파나무, 양매(楊梅), 포도, 여지(荔枝), 대추나무, 배나무, 밤나무, 은행나무, 감나무, 능금, 오가피 등 20종이다. 『장물지도설』의 식물관련 항목의 그림은 대부분 『삼재도회』의 내용을 참고한 것이고, 일부는 마태화보(馬駘畵譜)에서 빌린 것이다. 그러나 간혹 그림이 없는 경우도 있다. 예컨대 감귤, 레몬, 오가피 등은 그림이 없다. 『장물지도설』의 식물관련 정보는 이전의 식물자료에 비해서 아주 간략하다.

〈사진 37〉 비파나무

중국 명나라의 서광계(徐光啓, 1562-1633)가 편찬하고, 1639년에 진자룡(陳子龍)이 편찬한 『농정전서(農政全書)』는 기존의 농서와 다른 특징을 갖고 있다. 『농정전서』는 중국의 종합농서이지만, 기존의 농서와 달리 서양의 과학기술까지 담고 있기 때문이다. 『농정전서』의 이러한 특징은 서광계의 이력 덕분이었다. 그는 포오로[保祿]라는 세례명에서 알 수 있듯이 예수회 선교사의 설교를 듣고 1603년 남경(南京)에서 입교할 정도로 서양 문물에 큰 관심을 가졌다. 그는 진사(進士)가 된 후 북경(北京)에 살면서 마테오 리치[利瑪竇]의 지도를 받아 신앙을 두텁게 하는 한편 천문·역산(曆算)·지리·수학·수리(水利)·무기(武器) 등 서양과학에도 눈을 떴다. 그 결과 그는 마테오 리치와 공역(共譯)으로 유클리드 기하학을 『기하원본(幾何原本)』이라는 이름으로 간행했다. 아울러 그는 마테오 리치가 죽자 관직에서 물러나 천진(天津)에 살면서 농학(農學) 연구에 힘써 『농정전서(農政全書)』를 간행했다. 『농정전서』는 제목에서 알 수 있듯이 농업 분야를 집대성한 걸작이다. 이 작품은 한나라 이후 발달한 농학자의 여러 설을 총괄 ·분류한 후 자기의 설을 첨부하는 형식으로 농본(農本)·전제(田制)·농사(農事)·수리(水利)·농기(農器)·수예(樹藝)·잠상(蠶桑)·종식(種植)·목양(牧養)·제조(制造)·황정(荒政)등 11문(門)으로 구성되어 있다. 그 중 식물과 관련한 내용은 수예·잠상·종식이다. 수예는 곡부(穀部)·나부(蓏部)·소부(蔬部)·과부(果部), 잠상은 총론을 포함해서 잠상광류(蠶桑廣類), 종식은 종법(種法)·목부(木部)·잡종(雜種) 등으로 구성되어 있다. 『농정전서』에서도 나무를 과부와 목부로 나누고 있다. 다만 목부를 종식에 포함한 게 다른 자료와 다른 점이다.

『과부』에 언급한 과실은 총 40종이지만 감자(甘蔗)는 과일이 아니다. 『과부』 중 상(上)에서는 북방지역의 나무를, 「과부」 중 하(下)에서는 남방의 나무를 소개했다. 『과부』에서 소개한 과일은 대부분 앞 시대의 내용과 거의 동일하고, 인용한 자료도 크게 다르지 않다. 다만 진(晉)나라 장화(張華)의 『물류상감지(物類相感志)』는 다른 관련 자료에서 언급하지 않았던 것이다. 『물류상감지』는 조선 홍만선(洪萬選, 1643-1715)의 『산림경제』에서도 언급하고 있다. 자주 인용하고 있는 『편민도찬(便民圖纂)』은 명대 광번(鄺璠)의 저작이다. 『농정전서』의 특징 중 하나는 서광계의 평가가 있다는 점이다. 그러나 「과부」에서 서광계의 평가, 즉 현호(玄扈) 왈(曰)이 있는 사례는 감나무, 포도뿐이다. 서광계의 포도 관련 내용 중 산서의 포도에서 술을 만들 수 있다는 얘기를 비판하고 있는 부분이 흥미롭다. 그는 서양에서 들여온 포도가 아니면 술을 만들 수 없다고 했다.[129]

「종식」에는 34종의 나무를 소개하고 있지만 마지막에 소개하고 있는 국화는 풀이다. 그런데 서광계는 나무에 대해서는 대부분 자신의 견해를 밝혔다. 그 중 조협(皁莢)에 대한 내용은 다른 자료에서 찾아볼 수 없다.[130] 조협에 대해 서광계는 우선 『광지(廣志)』의 내용을 소개하고 있다. 『광지』에는 조협을

---

129 徐光啓, 陳煥良·羅文華 校注, 『農政全書上下』, 岳麓書社. 2002, p.478.

130 徐光啓, 陳煥良·羅文華 校注, 앞의 책, pp.621-622.

계서자(鷄棲子), 조각(皁角), 오서(烏犀), 현도(懸刀)라 불렀다. 아울러 조협에는 3종류가 있는데, 한 종류는 돼지 이빨처럼 작고, 다른 하나는 길면서 두꺼우면서 기름이 많아 끈끈하며, 다른 하나는 길면서 두껍지 않고 말라 끈적이지 않는다. 그 중에서 두껍고 기름이 많은 것이 좋다. 나무는 키가 크고 가지 사이에 가시가 있으며, 여름에 꽃이 피고 가을에 열매가 열린다. 이런 점으로 보아 서광계는 조협, 즉 주엽나무와 조각자나무를 구분하지 않고 같은 나무로 인식했다. 그는 가시에 대해서 길이가 1척 1-2촌으로 보았다.

대나무에 대한 서광계의 지적은 다른 자료에서 찾아볼 수 없는 새로운 내용을 담고 있다.[131] 그 중 대나무의 꽃과 관련한 내용이 새롭다. 그에 따르면, 대나무에 꽃이 피어 열매가 열리면 곧 많은 대나무가 말라 죽는다. 이것은 두 가지 병 때문이다. 그 중 하나는 대나무 숲이 오래되어 뿌리가 많아 서로 감고 있기 때문이다. 치료 방법은 숲을 나누어 깊이 박힌 뿌리를 파내는 것이다. 즉 한 구역 사이에 한 구역을 들어 올려서 뿌리를 펴주는 것이다. 그러면 다음 해에 다시 대나무가 왕성해진다. 다른 하나는 대나무 숲이 모두 홍수나 수재를 입었기 때문이다. 이 경우에는 치료법이 없다. 다만 1-2년 정도 기다리면 다시 살아난다. 『농정전서』는 다산 정약용이 적극적으로 참고할 만큼 우리나라 농업사에도 적잖은 영향을 주었다. 그러나 정약용은 『농정전서』는 물론 『왕정농서』의 내용을 비판적으로 수용했지만, 『다산시문집』 '책문(策問)'에 『농정전서』를 가장 우수한 농서로 평가했다.[132]

> 예나 이제나 농사에 대하여 쓴 글을 논하자면, 『한서(漢書)』 예문지(藝文志)에 『야로(野老)』 17편이 실려 있는데, 응소(應劭)는 '그것은 제(齊)나라와 초(楚) 나라 사이에 살던 노인들이 백성들을 도와서 농사짓던 것이다.' 했고, 『제계(祭癸)』 1편에 대해서는 유향(劉向)이 '그는 본디 한단(邯鄲) 사람으로 농사일을 잘 말하여 벼슬을 하게 되었다.' 했으나 지금은 그 책들이 모두 없어져 참고할 수 없습니다. 가사협(賈思勰)의 『제민

131 徐光啓, 陳煥良·羅文華 校注, 앞의 책, pp.632-633.

132 한국고전번역종합DB(http://db.itkc.or.kr/)

> 요술(齊民要術)』은 농사일에서 젓[醢] 담는 일까지 언급했는데 모두 92편입니다. 그 내용이 제법 정밀하기는 하나 오히려 옛사람의 말을 그대로 써놓은 것이 많습니다. 서광계(徐光啓)의 『농정전서(農政全書)』는 기후를 살피는 법과 씨 뿌리는 방법과 토지를 다루고 물을 끌어올리는 기계와 재앙을 막고 흉년을 구제하는 법으로부터 온갖 채소와 과일의 종류, 방직(紡織)하는 베틀과 물 긷고 방아 찧는 기계의 제도까지 기록하지 않은 것이 없어서 조목이 상세히 구비되고 만드는 방법이 정교하여 생활에 파급되는 효과는 실로 천고(千古)의 농서 중에 으뜸입니다. 다시 우열을 논평할 게 뭐 있겠습니까.

『농정전서』는 우리나라 농업 기술에도 적지 않은 영향을 주었다. 『농정전서』는 서광계의 높은 식견 덕분에 기존에 갖추지 못했던 농업기술을 풍부하게 갖추고 있기 때문이다. 그래서 『농정전서』의 나무 정보 중 절대 다수의 내용은 재배기술과 관련한 것이다. 우리나라에서도 『농정전서』의 이러한 점을 아주 높이 평가했다. 정조 7년(1783) 7월 4일 재해 극복과 구휼에 대한 이조판서 서호수의 상소문에서 확인할 수 있다.[133]

> 영종(英宗) 16년에 와서는 고(故) 상신(相臣) 유척기(俞拓基)가 비국(備局)에 남아 있는 그 제작을 보고서 이어 시행하기 계청(啓請)하자, 영종께서 특별히 다시 만들어서 반포하도록 명하게 되었던 것입니다. 대개 수거(水車)의 제작은 또한 허다하게 갖가지 것이 있기도 합니다만, 황명(皇明)의 각신(閣臣) 서광계의 저술인 『농정전서(農政全書)』의 내용에 용미거(龍尾車)의 공용(功用)에 관하여 마침 말하기를, '여러 개를 접속(接屬)해서 올려 가면 산에서도 사용하게 될 수 있으니, 이는 가무는 해와 높이 있는 전답이 근심할 것 없게 되는 것이고, 밭두둑 쌓아 가기는 날짜를 계산해 가며 다하게 되는 것이니, 이는 장마 지는 해와 낮게 있는 전답을 근심할 것 없게 되는 일이다. 옛적이나 지금이나 저수(貯水)하고 하수(下水)하는 기구가 이 용미거처럼 제작이 정묘하고 이익이 많은 것이 있지 않았으니, 비록 재성 보상(財成輔相)이라고 말하더라도 또한 지나친 말이 아니다.'라고 했습니다.

133 한국고전번역종합DB(http://db.itkc.or.kr/)

용미거는 조선에서 완성하지 못했지만, 『농정전서』는 조선에서 수차를 비롯한 각종 농업기술을 수용하는 데 큰 역할을 담당했다.

3 —— 근대의 식물 분포

(1) 청대의 나무(1): 『수시통고』·『실물명실도고』·『식물명실도고장편』의 나무

『수시통고(授時通考)』는 청초에 편찬한 관찬 종합농서이자 중국 왕조의 마지막 종합농서이기도 하다. 1742년 악이태(鄂爾泰, 1677-1745)·장정옥(張廷玉, 1671-1755) 등이 청조의 명을 받아 편찬한 『수시통고』는 「천시문(天時門)」·「토관문(土官門)」·「곡종문(穀種門)」·「공작문(工作門)」·「권과문(勸課門)」·「축취문(蓄聚門)」·「농여문(農餘門)」·「잠사문(蠶事門)」·「상정문(桑政門)」·「상여문(桑餘門)」 등 10문(門)으로 구성되어 있다. 그 중 〈천시〉 〈토관〉은 농사에서 가장 기본적인 기후와 토양, 토지제도, 수리 등을 다루고 있다. 〈곡종〉에서는 벼·보리·콩·마 등 곡물류에 대한 구체적인 내용을 수록하고 있다. 『수시통고』의 내용은 옛 문헌을 모아 정리한 것이기 때문에 특별히 새로운 자료를 담고 있는 것은 아니다. 그러나 이 농서에는 역대의 다양한 자료를 수집·정리했고, 편찬시기도 청나라 중기라는 점에서 농서의 가치는 결코 낮지 않다. 따라서 이 농서에서는 청나라 중기의 농업발전 정도와 중농정책 등을 알 수 있다. 우리나라의 경우 이규경의 『오주연문장전산고(五洲衍文長箋散稿)』에 책만 소개하고 있을 뿐이다. 이는 『수시통고』가 조선시대에 거의 관심을 끌지 못했다는 증거이다. 그 이유는 『수시통고』는 앞 시대의 농서를 거의 종합·정리한 것에 불과해서 새로운 정보가 없었기 때문이다.

『수시통고』의 식물관련 정보는 「농여문」 중 '과(果)'와 목(木)에 수록되어 있다. 과와 목 중에서 과가 목보다 많은 분량을 차지하고 있다. 과에서 언급한 것은 매화를 비롯해서 46종이지만, 9종은 풀에 해당한다. 나무에서 언급한 것은 소나무를 비롯해서 21종이며, 「농여」 '잡식(雜植)'에서 대나무를 소개하고 있다. 『수시통고』의 내용은 이전의 자료와 비교하면 결코 새로운 것은 없지만, 내용마다 기존 자료를 모두 표기하고 있을 뿐 아니라 내용도 충실해서 매우 유용하다. 특히 『수시통고』에는 식물마다 모두 그림을 싣고 있어서 글자로만 이해하는데서 오는 오해를 불식시킬 수 있는 장점을 갖고 있다. 『수시통고』의 그림은 『삼재도회』와 다른 독자적인 것이다.

청나라 오기준(吳其濬, 1789-1847)의 『식물명실도고(植物名實圖考)』와 『식물명실도고장편(植物名實圖考長編)』은 중국 왕조시대 최초이자 마지막 식물 관련 백과사전이다. 전자와 후자의 차이점은 전자의 경우 그림 중심인 반면 후자는 그림이 없는 내용 중심이라는 사실이다. 개인이 두 작품을 편찬했다는 것 자체만으로도 대단한 일이다. 독일의 식물학자 E. Bretschneider는 『식물명실도고』를 아주 높이 평가했다. 특히 이 작품의 그림은 실물과 아주 유사한 세밀화를 보여주고 있다. 두 작품에는 식물의 용도와 산지 등 다양한 정보를 담고 있다. 오기준이 이같은 작품을 편찬할 수 있었던 것은 그의 관직 생활과 무관하지 않다. 그는 절강성, 강서성, 호남성, 호북성, 운남성, 귀주성, 복건성 등에서 30여년 관직 생활을 했다. 그의 이러한 이력은 다른 사람과 아주 다른 특징이다. 그래서 그는 이 과정에서 근무지의 식물을 조사하고 그림까지 그렸다. 그가 남긴 식물은 1,714종에 이른다. 그러나 그는 생전에 자신의 작품 간행을 보지 못했다. 1848년(도광28) 4월 청명날에 산서성 태원부(太原府)에서 간행되었다.

『식물명실도고』 중 나무는 「과류(果類)」와 「목류(木類)」에서 수록하고 있다, 「과류」에는 능금을 비롯하여 99종이다. 「목류」에는 소나무를 비롯하여 244종이다. 『식물명실도고』에서 수록하고 있는 나무는 전체 343종이며, 『본초강목』의 265종보다 78종이나 많다. 『식물명실도고』의 식물 종류는 중국의 관련 자료 중에서 가장 많다. 따라서 『식물명실도고』는 중국 식물 자료의 종합서이자 그림까지 갖춘 거의 완벽에 가까운 자료다. 이처럼 실물을 그린 자료는 결코 하루아침에 이룰 수 없다. 직접 현장을 방문한 후 그림을 남긴 오기준의 작품은 현대사회에서도 결코 쉽지 않은 성과다.

『식물명실도고장편』은 『식물명실도고』의 그림을 제외하고 내용을 보충한 작품이다. 그러나 양자를 비교하면 적잖은 차이점을 발견할 수 있다. 우선 『과류』와 「목류」로 나는 것은 같지만 수록한 순서가 다르다. 『식물명실도고』에는 능금부터 시작하지만, 『식물명실도고장편』에서는 대추부터 시작한다. 다음은 수록한 종류가 다르다. 『식물명실도고』에 수록한 과류는 99종이지만, 『식물명실도고장편』에 수록한 과류는 119종이다. 『식물명실도고』에 수록한 나무는 244종이지만, 『식물명실도고장편』에 수록한 나무는 171종으로 『식물명실도고』보다 오히려 73종이나 적다. 따라서 『식물명실도고장편』은 나무보다 과실에 중점을 두었다는 것을 알 수 있다. 그러나 『식물명실도고장편』의 나무 종류는 『식물명실도고』보다 적지만 내용은 풍부하다. 우리나라에서는 실록이나 각종 문집류에 두 작품 모두 확인되지 않는다.

(2) 청대의 나무(2): 산서성의 나무

청대 산서성 대동부(大同府) 대동현(大同縣)의 경우 과일류로는 살구나무[杏], 능금나무[奈], 포도, 산자(酸刺)나무 등이 있었다. 이외 버드나뭇과의 버드나무[楊, 柳], 느릅나뭇과의 느릅나무[榆], 자작나뭇과의 자작나무[樺], 소나뭇과의 소나무[松], 측백나뭇과의 측백나무[柏], 콩과의 회화나무[槐], 감나뭇과의 고욤나무[櫰] 등이 있었다.[134] 도광시대에는 기후가 점차 따듯해져서 나무들의 생장에 약간의 변화가 있었다. 대동의 경우 나무는 동당파(東塘坡)에서 생산되었다. 이곳에서 주로 생산한 나무는 느릅나무와 측백나무였다. 따라서 대동의 관청은 느릅나무와 측백나무로 만들었다. 두 아름의 오동나무와 한 아름의 개오동[拱把之桐梓]는 생산되지 않았다.[135] 지방지의 이 같은 표현

---

134 『道光大同縣志』권8, 「風土」, p.23.

135 『道光大同縣志』권8, 「風土」, pp.24-25. 옛날에 대동의 경우 물고기와 새우 등이 잡히지 않았으나 청대에는 많이 잡혔다.

은 『맹자·고자상(告子上)』에서 빌린 것이다. 태원(太原)에는 '유림(楡次)', 즉 '느릅나무가 있는 곳'의 지명, 요주(遼州)에는 '유사(楡社)', 즉 '느릅나무 토지신'을 의미하는 지명이 나올 만큼 느릅나무가 많았다.

산서성 우현(盂縣)에는 '장산고송(藏山古松)'이 있었다. 소나무는 문자묘(文子廟) 북쪽 마애에 2그루가 살고 있다. 소나무는 밖으로 나온 뿌리가 약 2장(丈)이며 나이는 수 백 년에 달했다. 그러나 높이는 알 수 없지만 10무(畝) 정도의 그늘을 만들 만큼 웅장했다.[136] 청대 사람들은 두 그루의 고송을 고적으로 인식할 만큼 장관이었다. 분현에는 소나무 외에도 측백나무, 느릅나무, 회화나무, 버드나무, 참죽나무[椿]가 살았다. 멀구슬나뭇과의 참죽나무는 『서경(書經)』「우공(禹貢)」에는 춘(杶), 『춘추(春秋)』「좌전(左傳)」에는 순(櫄)이라 불렸다. 아울러 우현에는 뽕나무, 개오동, 옻나무, 위성류[檉], 산초나무와 장미과의 복사나무, 오얏나무, 배나무, 살구나무, 팥배나무[棠梨] 등이 살고 있었다.[137]

산서성 수양현(壽陽縣)은 우현과 인접한 곳이다. 태행산(太行山) 동북에 위치한 산악지대이다. 따라서 수양현은 기후가 추운 곳이다. 태행산은 중국의 '그랜드캐년'이라 불릴 만큼 협곡으로 유명한 곳이다. 아울러 토양은 아주 척박하다.[138] 『광서수양현지』에 따르면[139] 수양현에서 재배되었던 과실 중 대추는 남향(南鄕)에서만 생산되었다. 그러나 생산량이 부족해서 예평산(隸平山) 등 다른 지역에서 수입했다. 이 지역에서는 구아조(狗牙棗)나 산조(酸棗) 같은 야생 대추는 심지 않았다. 산서성은 산지가 많은 탓에 대추가 많이 생산되었다. 산서성의 조림(棗林) 지명은 대추나무가 많아서 생긴 이름이다. 조림은 조호성(棗戶城)이라 불렸다.[140] 수양현에서는 내(柰)라는 과일이 생산되었다. 내는 능금을 말한다. 이곳에서는 소과(小果)라 불렸으며, 접과(接果), 향과(香果), 빈과

136 『光緒盂縣志』권6, 「古蹟」, p.2.

137 『光緒盂縣志』권10, 「物產」, pp.2-3.

138 祁寯藻 著, 高恩廣·胡輔華 注釋, 『馬首農諺注釋』, 中國農業出版社, 1999, pp.1-2.

139 『光緒壽陽縣志』(『中國地方志集成』, 「山西府縣志輯」, 鳳凰出版社, 2009, 권10, 「風土」, pp.8-10.

140 史爲樂 主編, 『中國地名語源辭典』, 上海辭書出版社, 1995, p.86.

(蘋果), 빈과(檳果)라 부르기도 했다. 수양현에는 능금 외에 임금(林檎), 즉 사과도 생산되었다. 임금은 내금(來禽)이라 불렀다. 임금과 내금은 사과나무에 날짐승이 앉거나 온다는 뜻이다. 임금 중에서도 산에서 나는 것은 열매가 비교적 작아서 산림금(山林禽)이라 불렀다. 호도인 핵도(核桃)는 이곳에서는 재배하는 농가가 아주 적어서 대추처럼 예평산과 우현 등에서 수입했다. 복사나무는 여름과 가을 용 두 종류가 있었으며, 산도(山桃)도 있었지만 먹을 수 없었다. 살구나무는 종류가 아주 많았다. 『마수농언』에 "살구꽃이 성하면 뽕나무 잎이 희다"는 속담이 기록되어 있다.[141] 배나무는 향수리(香水梨), 과리(瓜梨) 두 종류가 있었다. 과리는 내구성은 좋지만 수리향에 미치지 못했다. 두(杜)도 배의 종류지만 열매가 작고 신맛이 났다. 그래서 재배하는 사람들이 거의 없었다. 자두나무는 적백 두 종류가 있었으며, 개암나무도 산지에서 생산되었다. 석류는 수양 지역이 추워서 분재로 키워 큰 나무는 없었다. 포도는 여러 종류가 있었지만 우유같은 것이 가장 좋았다.

수양현에는 소나무와 측백나무가 있었다. 소나무는 산분단묘(山墳壇廟) 주변에 가장 많았으며, 적백(赤白) 두 종류가 있었다. 그 중 적송의 경우는 견고하고 치밀하지만 땅이 척박한 탓에 100년 정도 지나야 목재로 사용할 수 있었다. 측백나무도 소나무와 같은 곳에 주로 살고 있었으며 소나무처럼 적백 두 종류가 있었다. 측백나무도 적색이 우수했으며, 목재의 가치는 소나무보다 뛰어났다. 박달나무[杅]는 재배하는 자가 거의 없었으며, 적백 두 종류가 있었다. 수양현에는 향나무와 뽕나무도 재배했다. 그 중 뽕나무는 오디가 있는 것과 없는 것이 있었다. 오디가 없는 것을 강상(穅桑)이라 불렀다. 수양현에서는 기온이 낮아서 뽕나무를 재배하는 데 적합하지 않았으며, 소사법(繅絲法), 즉 '누에고치에서 실을 뽑는 법'을 아는 자도 적었다. 따라서 누에를 기르는 자도 적었다. 회화나무에는 황흑(黃黑) 두 종류가 있었으며, 느릅나무와 버드나무[楊, 柳]도 있었다. 양에는 청백(淸白) 두 종류가 있었고, 청 버드나무에는 잎이 큰 것과 잎이 작은 것 두 종류가 있었다. 잎이 큰 것 중에는 잎

141 祁寯藻 著, 高恩廣·胡輔華 注釋, 앞의 책, p.50.

이 위로 올라가는 것과 아래로 내려가는 두 종류가 있었다. 그러나 고서에서는 대부분 양과 류를 혼용했다. 기류(杞柳), 갯버들 혹은 고리버들은 주로 밭의 경계에 심어 키[箕]를 비롯한 버드나무의 그릇을 만드는 데 사용했다. 가죽나무는 목질이 아주 견고하며 적색을 향춘(香椿)이라 불렀다. 요컨대 수양현에서 가장 많이 재배하는 나무는 버드나무였다. 유림(柳林) 지명도 버드나무와 관련이 있다.[142] 그 다음은 소나무, 그 다음은 느릅나무와 회화나무였다. 지명 중 유차(楡次)는 느릅나무와 관계가 있다. 유차는 토지신을 모신 유사(楡社)에서 유래했다.[143]

『수양현지·예문(藝文)』「방산종송비후기(方山種松碑後記)」에는 방산에 소나무를 심은 내용이 기록되어 있다. 소나무는 수현에서 버드나무 다음으로 많은 나무이다. 명말 천계 5년(1625)에 세운 비에 따르면, 방산의 울창한 소나무는 독벽촌(獨壁村)의 낙관(雒官)이 자식 대까지 조성한 것이다.[144] 수양현의 이러한 사례는 이 시대 조림사업의 일단을 보여준다. 방산의 소나무 조림 덕분에 후대 사람들이 방산을 유람할 수 있었다. 이러한 사례는 산서성 기현 출신 왕뢰(王雷)가 1883년 중추에 기록한 『유방산(遊方山)』에서 확인할 수 있다.[145] 방산의 소나무는 태원 출신 부산(傅山)의 「방산(方山)」와 석위(石瑋)의 「계사하일유방산보산중(癸巳夏日遊方山步山中)」, 그리고 포주(蒲州) 출신 오문(吳雯)의 「방산(方山)」과 술양(沭陽) 출신 오조창(吳祚昌)의 「방산운무(方山雲霧)」시에서도 등장한다.[146] 1893년의 석위의 시에서 보듯이 방산의 소나무는 명 말부터 청말까지 계속 보존되었다는 것을 알 수 있다. 수양현에서는 기와조(祁窩藻)의 「망신산(望神山)」의 시에서 보듯이 푸른 소나무가 있는 산을 신산(神山)으로 여겼다.[147] 특히 기와조의 방산 소나무에 대한 애정은 남달랐다. 그는 명대 소관이 방산

---

142 史爲樂 主編, 앞의 책, p.81.

143 史爲樂 主編, 앞의 책, p.79.

144 『光緒壽陽縣志』권11, 「藝文上」, pp.64-66.

145 『光緒壽陽縣志』권12, 「藝文下」, p.2.

146 『光緒壽陽縣志』권12, 「藝文下」, p.13;p.16;p.20.

147 『光緒壽陽縣志』권12, 「藝文下」, p.43.

에 심은 소나무를 칭송하는 종송가(種松歌)」를 지었다.[148] 그의 시에 따르면 소관은 방산에 3천 그루의 소나무를 심었다. 후병용(侯炳墉)은 1908년 방산의 청송루에서 숙박한 시 「숙방산청송루(宿方山聽松樓)」를 남겼다.[149] 온진창(溫晉昌)은 1856년 6월 신융산(神融山)을 유람하고 돌아오는 길에 방산의 울창한 소나무가 생각나서 「억방산송(憶方山松)」의 시를 남겼다.[150] 오진창의 시는 한창려(韓昌黎), 즉 한유(韓愈)의 남산시체(南山詩體)를 모방했다.

『건륭흥현지(乾隆興縣志)』에 따르면,[151] 산서성 서부에 위치한 흥현(興縣)에는 복사나무, 살구나무, 자두나무, 대추나무, 개암나무, 해당화, 앵두, 사과, 돌배나무, 팥배나무, 포도, 소나무, 측백나무, 전나무, 버드나무, 회화나무, 참나무 종류. 자작나무, 느릅나무, 오동나무, 갯버들, 개오동, 향나무, 위성류, 백양나무, 청양(青楊) 등이 있었다. 흥현의 나무 종류는 수양현과 약간의 차이가 있다. 그 이유는 수양현이 산악지대인 반면 흥현이 분수(汾水) 유역에 위치하고 있기 때문이다.

『광서기현지(光緒祁縣志)』에 따르면,[152] 이 지역의 경우 복사나무, 자두나무, 살구나무, 배나무, 대추나무, 과(果), 호두나무, 무화과, 앵두나무, 포도, 석류 등의 과실이 있었다. 복사나무에는 하(夏)·추(秋) 두 종류가. 살구나무에는 적(赤)·황(黃) 두 종류가, 배나무에는 황(黃)·향(香)·수(水) 3종류가, 대추나무에는 장(長)·원(圓)·대(大)·소(小) 4종류가, 과에는 홍(紅)·사(沙) 2종류가 있었다. 이처럼 기현의 과실의 앞의 지역과 큰 차이가 없지만 '무화과'와 '과'는 다른 지역에서 없는 것들이다. 기현의 나무는 뽕나무, 느릅나무, 버드나무, 소나무, 측백나무, 개오동, 산초나무가 있었다. 이 중 산초나무는 다른 지역에서 발견되지 않았다. 기현에서도 버드나무로 그릇을 만들었다. 영석현의 경우도 기현과 거의 같은 나무들이 살고 있었다.[153] 특히 영석현의 개림(介林)에는 느

---

148 『光緒壽陽縣志』권12, 「藝文下」, p.45.
149 『光緒壽陽縣志』권12, 「藝文下」, p.46.
150 『光緒壽陽縣志』권12, 「藝文下」, p.51.
151 『乾隆興縣志』권6, 「物産」, pp.1-3.
152 『光緒祁縣志』권4, 「物産」, pp.6-7.
153 『嘉慶靈石縣志』권3, 「食貨」, p.22.

릅나무가 많았다.[154] 건륭시대 영석현의 나무는 민국시대까지 큰 변화가 없었다.[155] 그러나 산서성 북부에 위치한 삭평부(朔平府)의 경우 무궁화[椴], 멧대추[棘], 이름을 알 수 없는 난목(暖木)이 있었다.[156]

〈사진 38〉 무궁화

『민국양릉현지(民國襄陵縣志)』에 따르면,[157] 양릉에는 산서성의 다른 지역과 다른 나무를 발견할 수 있다. 양릉현에서는 느릅나무와 버드나무가 가장 많이 생산되었다. 나무 중에서도 닥나무가 등장하는 것이 특징이다. 곡옥현(曲沃縣)에서는 앞에서 살핀 지역에서 찾아볼 수 없는 은행나무가 살았다.[158] 중국 남쪽에서 자라는 은행나무가 등장한다는 것은 이곳이 서남부지역이라는 점을 고려할 필요가 있다. 그런데 사철나무와 닥나무의 경우는 건륭시대부터 존재했지만, 곡옥현의 은행나무는 건륭시대의 지방지에도 등장한다. 곡옥현 읍의 임교촌(林交村) 북문의 한 그루 은행나무는 둘레가 4장(丈)이었다. 지방지에서는 은행나무가 당·송(唐宋)간의 나무로 기록하고 있다.[159] 이 같은 표현은

154 『嘉慶靈石縣志』권11, 「藝文」, pp.27-28.
155 『民國靈石縣志』권3, 「食貨」, p.21.
156 『雍正朔平府志』권7, 「賦役物產」, pp.33-34.
157 『民國襄陵縣志』권6, 「物產略」, pp.1-3.
158 『民國新修曲沃縣志』권11, 「物產略」, pp.2-3.
159 『乾隆新修曲沃縣志』권24, 「方產」, p.4.

'은행'이라는 이름이 당·송교체기에 사용되었다는 것을 의미한다. 곡옥현에서는 은행나무 외에도 동청(冬青), 즉 노박덩굴과의 사철나무도 살았다. 아울러 곡옥현에서는 양릉현과 마찬가지로 닥나무도 살았다.

〈사진 39〉 은행나무

『건륭임분현지(乾隆臨汾縣志)』[160] 『민국임분현지(民國臨汾縣志)』[161]의 나무를 상호 비교하면 약간 다름 점을 확인할 수 있다. 건륭시기 임분현지의 과일 항목에는 복숭아, 살구, 자두, 대추, 앵두, 배, 포도, 화홍(花紅:사과 종류), 사과, 빈과, 석류, 호두, 감, 솔방울, 개암나무씨앗, 양조(羊棗), 팥배가, 나무 항목에는 소나무, 측백나무, 향나무, 뽕나무, 오동나무, 회화나무, 개오동, 버드나무, 닥나무, 가죽나무, 느릅나무, 개오동, 참죽나무, 산뽕나무, 대나무 등이 등장한다. 민국시기 임분현지의 과일 항목에는 새롭게 무화과, 은행, 산조(酸棗), 산사과(山査果)가 등장하며, 나무 항목에는 새롭게 양괴(洋槐)가 등장한다. 민국시기 임분현의 나무를 같은 시기 바로 인접한 양릉현과 비교하면 다른 점을 발견할 수 있다. 양릉현지의 과일 항목에는 복숭아, 자두, 살구, 배, 석류, 포도, 은행, 호두, 대추, 감을 기록하고 있다. 따라서 양릉현의 과일 종류는 임분현

160 『乾隆臨汾縣志』권3, 「物産」, pp.16-17.

161 『民國臨汾縣志』권2, 「物産略」, pp.16-17.

에 비해 적은 편이다. 반면 태평현(太平縣)의 경우에는 도광시기[162]와 광서시기[163]와 똑같다. 특히 강조할 것은 임분현의 경우 민국시기에 느릅나무와 버드나무의 조림사업이 이루어졌다는 점이다.[164] 조림은 서문 밖 백여 무(畝)에서 이루어졌으며, 민국 8년에서 민국 10년 사이에 매번 1,000원의 수익을 얻었다.

심원현(沁源縣)의 경우 옹정시기[165]와 민국시기[166]를 비교하면 약간의 차이를 발견할 수 있다. 옹정시기의 과일류에는 배, 대추, 복숭아, 살구, 자두, 사과, 능금, 개암, 호두, 화홍, 빈과, 포도, 은행, 팥배, 상수리열매가, 나무에는 소나무, 느릅나무, 버드나무, 회화나무, 참죽나무, 개오동, 측백나무, 백양나무, 향나무, 뽕나무, 무궁화, 배나무, 참나무 종류가 등장한다. 민국시기의 과일류에는 옹정시기에 등장하지 않는 모과, 앵두가, 나무에는 자작나무, 박달나무, 이름을 알 수 없는 저유(樗榆)가 등장한다. 특히 민국시기 심원현지에서는 심원현의 목재 소비에 대한 정보를 얻을 수 있다. 심원현에서 가장 많이 사용한 목재는 소나무였으며, 그 다음은 버드나무였다. 그러나 소나무는 자체에서 모두 생산할 수 없었기 때문에 다른 지역에서 수입했으며, 버드나무는 자급했다.[167] 심현에서 소나무가 부족한 탓인지 민국자료에는 소나무 재배 지역을 구체적으로 정리했다.[168] 각 구역의 송림(松林) 면적은 다음 표와 같다.

〈표 1〉 민국22년(1933) 심원현의 송림 면적(제1구)

지역	면적
영공산(靈空山)	1곳, 약 40리
누산(螻山)	1곳, 약 15무(畝)
왕장촌(王庄村)	9곳, 약 30방리(方里)
왕용촌(王勇村)	8곳, 약 12방리 20무
남석촌(南石村)	1곳, 약 1무

162 『道光太平縣志(一)』권1, 「輿地·物産」, pp.28-31.

163 『光緖太平縣志』권1, 「輿地志·物産」, pp.3-6.

164 『民國臨汾縣志』권2, 「物產略」, p.44.

165 『雍正沁源縣志』권3, 「田賦」, pp.15-17.

166 『民國沁源縣志』권5, 「物産表」, pp.84-86.

167 『民國沁源縣志』권2, 「工商略」, p.37.

168 『民國沁源縣志』권2, 「農田略·森林」, pp.21-27.

지역	면적
호천(好村)	1곳, 약 3무
창촌(暢村)	1곳, 약 5방리
중욕촌(中峪村)	12곳, 약 31방리
위촌(衛村)	2곳, 약 3방리 3무
오목촌(烏木村)	13곳, 약 41방리
남욕촌(南峪村)	10곳, 약 18방리 1경(頃) 74무
유의촌(有義村)	1곳, 약 20무
곽등촌(霍登村)	5곳, 약 27무
동가촌(董家村)	3곳, 약 8무
이가장(李家庄)	4곳, 약 1경 30무
공가파(孔家坡)	1곳, 약 10무
상하류(上下柳)	20곳, 약 3방리 2경 71무
관군촌(官軍村)	7곳, 약 87무
석거촌(石渠村)	4곳, 약 2경 10무
장낙촌(長樂村)	1곳, 약 50무
한홍구(韓洪溝)	1곳, 약 1무
염채촌(閻寨村)	2곳, 약 3무 5푼[分]
오가촌(鳴家村)	22곳, 약 1방리
상요촌(桑凹村)	15곳, 약 2방리 1경 27무
석사원(石沙垣)	2곳, 약 5무
조채촌(趙寨村)	1곳, 약 3방리

〈표 2〉 민국22년(1933) 심원현의 송림 면적(제2구)

지역	면적
동촌(東村)	21곳, 약 23방리 3무
상사촌(上舍村)	2곳, 약 27방리
소가장(蘇家庄)	3곳, 약 5방리
왕벽촌(王壁村)	17곳, 약 3경 16무
최장촌(崔庄村)	10곳, 약 34방리
오룡천(伍龍川)	6곳, 약 20방리
소장촌(小章村)	9곳, 약 23방리 30무
현우촌(賢友村)	3곳, 약 5방리
제일천(第一川)	1곳, 약 15방리
금욕촌(琴峪村)	5곳, 약 5방리 55무 5푼
염가장(閻家庄)	6곳, 약 15방리
수욕촌(水峪村)	8곳, 약 29방리
안락촌(安樂村)	1곳, 약 3무
총자욕(聰子峪)	1곳, 약 2방리
오봉욕(伍鳳峪)	28곳, 약 14방리 86무 5푼

지역	면적
마삼촌(馬森村)	21곳, 약 15방리 2경 13무
하장촌(夏庄村)	10곳, 약 17방리 60무
상하무두(上下霧頭)	7곳, 약 6방리 2경 70무
강가장(康家庄)	1곳, 약 2푼
인리촌(仁里村)	4곳, 약 10무
정양촌(定陽村)	3곳, 약 15방리 1무
북신장(北新庄)	4곳, 약 18무
여가장(汝家庄)	40곳, 약 71방리 80무
교구촌(交口村)	1곳, 약 2무
마가욕(馬家峪)	20곳, 약 58방리
사촌(梭村)	4곳, 약 1무 5푼
한홍촌(韓洪村)	6곳, 약 27방리
화욕촌(化峪村)	5곳, 약 2방리 3무 5푼
석태촌(石台村)	2곳, 약 45무
정벽촌(程壁村)	5곳, 약 26방리
장벽촌(張壁村)	5곳, 약 2방리 15무 5푼
자홍촌(紫紅村)	1곳, 약 5푼
활봉촌(活鳳村)	1곳, 약 1방리
항촌(杭村)	1곳, 약 2방리
염가장(閻家庄)	1곳, 약 2방리
경봉촌(景鳳村)	11곳, 약 12방리
흥초촌(興梢村)	14곳, 약 32방리 2경 70무
백호요(白狐窯)	23곳, 약 52방리 2경 75무
서촌(西村)	3곳, 약 5방리 10무
후벽촌(侯壁村)	5곳, 약 8방리 2경 70무
복귀촌(伏貴村)	2곳, 약 1방리
이원촌(李園村)	7곳, 약 15방리
남산촌(南山村)	3곳, 2방리 2경 70무

〈표 3〉 민국22년(1933) 심원현의 송림 면적(제3구)

지역	면적
백초촌(白草村)	5곳, 약 12방리 30무
적석교(赤石橋)	3곳, 약 3방리 57무
선박촌(善樸村)	1곳, 약 4경
두벽촌(竇壁村)	6곳, 약 3방리 1경
왕도촌(王陶村)	1곳, 약 1무
대욕촌(大峪村)	2곳, 약 22무
재자평(才子坪)	2곳, 약 6무
소총욕(小聰峪)	1곳, 약 5무

지역	면적
호한평(胡漢坪)	1곳, 약 1방리
사화촌(四和村)	5곳, 10방리
전간촌(箭杆村)	4곳, 약 7방리
간애저(澗崖底)	1곳, 약 1무
청양만(青楊灣)	1곳, 약 2무
사장촌(師庄村)	3곳, 약 5방리
유평촌(榆坪村)	12곳, 약 15방리
성애촌(城艾村)	5곳, 약 5방리
하성애(下城艾)	1곳, 약 2방리
군가구(軍家溝)	1곳, 약 10무
후구촌(後溝村)	1곳, 약 15무
왕화촌(王和村)	1곳, 약 15무
고채촌(古寨村)	3곳, 약 62무
합계천(合鷄泉)	4곳, 약 4방리
화파촌(花坡村)	2곳, 2방리
용문구(龍門口)	6곳, 약 11방리
토영장(土嶺庄)	3곳, 약 4방리
왕두촌(王頭村)	1곳, 약 2무
임가장(任家庄)	1곳, 약 2무

이 기간 동안 제1구에서 소나무가 가장 많은 곳은 오목촌이며 그 다음이 중욕촌과 왕장촌 순이다. 제2구에서 소나무가 가장 많은 곳은 백호요이며, 그 다음이 경봉촌과 수욕촌 순이다. 제3구에서 소나무가 가장 많은 곳은 유평촌이며, 그 다음이 백초촌과 용문구이다. 전체적으로 보면 소나무가 가장 많은 곳은 제2구의 백호요이다. 아울러 소나무가 가장 많은 곳은 43곳의 제2구이며, 다음은 27곳의 제3구, 제26곳 제1구 순이다. 제1구 각 촌에서는 다른 나무 9,392주를 심었고, 제2구의 각 촌에서는 다른 나무 36,394주를 심었고, 제3구의 각 촌에서는 다른 나무 9,006주를 심었다. 심원현 각 기관에서는 버드나무, 느릅나무, 회화나무 등 920주를 심었고, 심원현 전체 각 학교에서는 소나무 외의 다른 나무 2,521주를 심었다. 이처럼 산서성 남부 중앙에 위치한 심원현의 소나무는 자연림이지만, 소나무외의 나무는 인공으로 심은 것이다.

(3) 청대의 나무(3): 섬서성의 나무

『옹정신목현지(雍正神木縣志)』에 따르면,[169] 신목현의 과일류로는 팥배, 포도, 무화과, 모과, 복숭아, 살구, 대추, 이름을 알 수 없는 임추과(臨秋菓) 등이 있었다. 나무 종류에는 소나무, 측백나무, 버드나무, 회화나무, 느릅나무, 향나무, 뽕나무, 배나무, 복사나무, 살구나무, 대추나무, 백양나무, 청양(青楊:당버들)나무 등이 있었다. 『도광신목현지(道光神木縣志)』에 따르면,[170] 과일류에는 옹정시기와 달리 이름을 알 수 없는 해홍자(海紅子)가 등장하고 있다. 나무 종류에는 옹정시기와 달리 참죽나무와 수양류(水楊柳), 즉 위성류가 등장하고 있다. 섬서 동북부에 위치한 신목현의 지명은 이곳에 2그루의 소나무를 신목으로 삼았기 때문에 생긴 이름이다.[171] 신목현은 중온대·반건조 지대이며, 계절성 계절풍 기후대이다. 따라서 4계절이 분명하며 일조량이 충분하다.[172] 신목과 인접한 유림현(楡林縣)에는 느릅나무 숲을 의미하는 지명이다. 유림현에는 당연히 느릅나무를 비롯해, 뽕나무, 소나무, 측백나무, 버드나무, 회화나무, 가죽나무, 복사나무, 살구나무, 대추나무, 팥배나무, 청양나무, 수동(水桐) 등이, 과일 류에는 복숭아, 살구, 능금, 빈과, 배, 자두, 포도, 대추, 산조(酸棗), 해홍자. 산모과 등이 등장한다.[173]

『건륭서안부지(乾隆西安府志)』에 따르면,[174] 서안부의 과실류에는 매실이 있었다. 『서경잡기(西京雜記)』에 따르면, 매실은 한나라 무제가 설립한 상림원(上林苑)에 7종류, 즉 주매(朱梅), 자엽매(紫葉梅), 자악매(紫萼梅), 동심매(同心梅), 여지매(麗枝梅), 연매(燕梅), 후매(猴梅)가 있었다. 『찬요(纂要)』에 따르면, 이백(李白)은 당의 고종이 어머니 문덕황후의 은혜에 보답하기 위해서 건립한 자은사(慈恩寺)

---

169 『雍正神木縣志』(『中國地方志集成』, 「陝西府縣志輯」, 鳳凰出版社, 2009)권1, 「田賦·物産」, pp.29-30.

170 『道光神木縣志』권2, 「輿地下·物産」, pp.13-15.

171 史爲樂 主編, 앞의 책, p.593.

172 陝西省考古研究所·楡林市文物保護研究所 編著, 『神木新華』, 科學出版社, 2005, pp.1-3.

173 『道光楡林府志』권33, 「食志·物産」, pp.11-13.

174 『乾隆西安府志(一)』권17, 「食貨志下·物産」, pp.5-10.

에 갔다가 사영매(絲英梅)를 바쳤다. 『사경잡지』에 따르면, 상림원에는 2종의 살구나무, 즉 나무에 무늬가 있는 문행(文杏), 봉래행(蓬萊杏)이 있었다. 『행보(杏譜)』에 따르면, 금행(金杏)은 크기가 배만했으며, 누른색은 귤과 같았다. 금행은 상림원에 보내졌으며, 일명 한제행(漢帝杏)이라 불렸다.[175] 『광군방보(廣群芳譜)』에는 팔담행(八擔杏)이라 불리는 단행(旦杏)을 소개하고 있다. 단행은 관서(關西), 함곡관(函谷關)이나 동관(潼關)의 서쪽 여러 곳에서 심었다. 복숭아의 경우 『서경잡기』에 따르면, 상림원의 진도(秦桃), 사도(榹桃), 상핵도(緗核桃), 금성도(金城桃), 기엽도(綺葉桃), 자문도(紫霜桃), 문도(文桃) 등 7종류를 소개하고 있다. 오대(五代) 왕인유(王仁裕, 880~956)의 『개원천보유사(開元天寶遺事)』에는 명황(明皇), 즉 당 현종의 금원(禁苑)에는 천엽도(千葉桃)가 있었다. 『도경본초(圖經本草)』에 따르면, 섬서의 복숭아는 크면서도 아름다웠다. 이러한 내용은 『시경(詩經)·국풍(國風)·주남(周南)』「도요(桃夭)」의 내용을 연상케 한다.

복숭아나무 싱싱하고 / 桃之夭夭
꽃이 활짝 피었다 / 灼灼其華
아가씨 시집가니 / 之子于歸
집안을 화락하게 하네 / 宜其室家
복숭아나무 싱싱하고 / 桃之夭夭
열매가 무성하다 / 有蕡其實
아가씨 시집가니 / 之子于歸
집안을 화락하게 하네 / 宜其家室
복숭아나무 무성하고 / 桃之夭夭
잎이 무성하다 / 其葉蓁蓁
아가씨 시집가니 / 之子于歸
집안을 화락하게 하네 / 宜其家人

175 한제행은 제남군(濟南郡) 동남쪽 분류산(分流山)에 있었다. 단성식 지음, 정환국 옮김, 『역주유양잡조1』, 소명출판, 2011, p.417 참조.

복숭아처럼 『시경』에 등장하는 자두는 『서경잡기』에 따르면 상림원에 자리(紫李), 녹리(綠李), 주리(朱李), 황리(黃李), 청리(靑李), 기리(綺李), 청방리(靑房李), 동심리(同心李), 함지리(含枝李), 금지리(金枝李), 안연리(顔淵李), 강리(羌李), 연리(燕李), 만리(蠻李), 후리(侯李) 등 15종이 있었다. 그 중에서도 안연리는 공자의 수제자인 안연의 이름을 딴 것이다. 안연은 노나라 출신이니 안연리는 노나라가 원산이라는 뜻이다. 『술이기(述異記)』에 따르면, 한나라 선제의 무덤이 있었던 두릉(杜陵)에는 금이(金李)라는 자두가 있었다. 금이 중 큰 것을 하이(夏李), 작은 것을 서이(鼠李)라 불렀다. 『경상우기(耕桑偶記)』에 따르면, 서안 진령산맥의 끝자락에 위치한 종남산(終南山)에는 아주 우수한 자두나무가 있었다. 부자들은 천금(千金)을 들여 이곳 자두나무를 구입해서 부를 축적했다. 『서경잡기』에 따르면, 상림원에는 청리(靑梨), 방리(芳梨), 대곡리(大谷梨), 세엽리(細葉梨), 표엽리(縹葉梨), 금엽리(金葉梨), 한매리(瀚梅梨), 동옥리(東玉梨), 자조리(紫條梨) 등 9종이 있었다. 『삼진기(三秦記)』에 따르면, 한나라 무제는 상림원에서 잘 때 5승(升)에 이르는 큰 배가 병에서 떨어져 깨지자, 그것을 주어서 우선 베로 만든 주머니에 담고 '함소(含消)'라 불렀다. 배 중에는 산리(山梨)도 있었다.

『서경잡기』에 따르면, 상림원의 팥배나무에는 적당(赤棠), 백당(白棠), 사당(沙棠), 청당(靑棠) 등 4종류가 있었다. 『서경잡기』에 따르면, 상림원의 산사나무는 삼만사(三蠻查), 강사(羌查), 후사(猴查) 등 3종류가 있었다. 『본초강목』에 따르면 산사나무는 목도(木桃), 화원자(和圓子), 목리(木梨), 목이광(木李廣)이라 불렀다. 산사나무 중에는 상체(常棣), 백체(白棣), 적체(赤棣)라 불리는 산사도 있었다. 관서지방에 많이 자랐으며, 앵두처럼 먹을 수 있었다. 앵두에 대해서는 『사기숙손통전(史記叔孫通傳)』에 따르면, 한나라 효혜제(孝惠帝)는 봄에 이궁에 나갔다. 숙손생(叔孫生)이 "옛날 봄에 과일을 맛보았는데, 지금 앵두가 익었으니 올릴만합니다."라고 했다. 『당중종기(唐中宗記)』에 따르면, 황제가 앵도원(櫻桃園)에서 중서문하(中書門下) 5품이상의 제사(諸司) 장관과 학사등을 방림원(芳林園)으로 데려가서 앵도를 맛보게 했다. 『서경잡기』에 따르면 상림원에는 10종의 비파가 있었으나 종류는 기록하지 않았다. 『덕종기(德宗記)』에 따르면, 779년에 산남의 비파 조공을 금했다. 『서경잡기』에 따르면, 상림원의 능금

[奈]은 백내(白柰), 자내(紫柰), 녹내(綠柰) 등 3종류가 있었다. 그 중 자내의 크기는 승(升)과 같았으며, 씨는 자색이며, 꽃은 푸른색이었다. 능금의 즙은 옻과 같아서 옷에 달라붙으면 없어지지 않았다. 또 다른 능금[林檎]도 상림원에 10그루 있었다. 지구(枳椇), 즉 헛개나무도 소개하고 있다.

송나라 전역(錢易)의 『남부신서(南部新書)』에 따르면, 당나라 태종은 고창(高昌)을 격파한 후 마유(馬乳)를 거두어 어원(御苑)에 포도를 심은 후 주법(酒法)을 얻었다. 『서경잡기』에 따르면, 섬서서의 포도는 두릉 50무의 땅에 백 그,루 정도 있었다. 『한무내전(漢武內傳)』에 따르면, 서왕모는 임금을 위해서 '옥문지조(玉門之棗)'를 설치했다. 『서경잡기』에 따르면 상림원에는 약지조(弱枝棗), 옥문조(玉門棗), 당조(棠棗), 청화조(青華棗), 적심조(赤心棗), 서왕조(西王棗) 등 6종류가 있었다. 옥문조와 서왕조는 서왕모와 관련한 이름이다. 『서경잡기』에 따르면, 상림원에 대추 연조(軟棗)가 있었다. 감은 종류가 많아 구황에 이용했다. 『서경잡기』에 따르면, 상림원에는 청비(青椑), 적엽비(赤葉椑), 오비(烏椑) 등 3종류의 비시(椑柿), 즉 돌감이 있었다. 돌감은 일명 칠시(漆柿), 화비(花椑)라 불렀다. 돌감의 이러한 명칭은 물들이는 것과 관계가 있다. 원나라 헌황후(獻皇后)는 신맛 나는 모과를 좋아했다. 『서경잡기』에 따르면 상림원에는 석류 10그루가 있었다. 『홍씨잡록(洪氏雜錄)』에 따르면, 화청지 칠성전(七聖殿)과 요전(繞殿)의 석류는 양귀비가 심은 것이다.

〈사진 40〉 화청지 석류

〈사진 41〉 화청지 내부

〈사진 42〉 화청지 여산자락 숲

당나라 단공로(段公路)의 『북호록(北戶錄)』에 따르면 석류는 뇌지(腦脂)로 여겨 당나라 예종의 딸 대국공주(代國公主, 689~734)는 항상 석류를 먹었다. 밤은 『사기·화식전』에 따르면, 연진(燕秦)에는 천 그루의 밤나무가 있었다. 『서경잡기』에 따르면 상리원에는 후률(侯栗), 진률(榛栗), 괴률(瑰栗;魁栗), 역양률(嶧陽栗) 등 4종류가 있었다. 밤나무를 닮은 개암나무는 관중에 아주 많았다. 『서경잡기』에 따르면 상림원에 호두가 있었다. 장건이 서역에서 가져온 호두는 진중(秦中), 즉 관중에 심었다. 당나라 현종 때 물가가 아주 낮았을 때 상당히 비샀다. 양도(羊桃) 혹은 귀도(鬼桃)라 불리는 키위는 꽃과 잎이 복사나무와 닮아서 붙인 이름이다. 장안과 함령(咸寧)에 있었다. 미후도(獼猴桃), 즉 다래는 영흥군(永興軍) 남산에 아주 많았다. 원숭이가 좋아해서 붙인 이름이다. 은행은 남산에 좋은 나무가 많았다. 부여궁(扶荔宮)에 감귤 백여 그루가 있었다. 『풍토기(風土記)』에 따르면 당나라 때 9월 9일 중양절에 봉래전(蓬萊殿)에서 여러 신하들에게 귤을 하사했다. 노귤(盧橘)이라 불리는 금귤은 여름에 익었다. 당나라 현종은 귀비들에게 감귤[柑]을 나누어주었다. 사람들은 이 때의 감귤을 '서성노(瑞聖奴)'라 불렀다. 당나라에서는 정월 보름 밤에 감귤을 근신(近臣)들에게 나눠주는 풍속이 있었다. 이런 행사를 '전감연(傳柑宴)'이라 불렀다. 상림원에는 10그루의 등자나무가 있었다. 등자나무는 감귤과 닮았다. 『광군방보』에 따르면, 무화과는 영일과(映日果), 우담발(優曇鉢)이라 부른다.

서안부의 나무 종류[176] 중 가장 먼저 등장하는 나무는 소나무다. 『사탑기(寺塔記)』에 따르면 불공삼세탑(不空三歲塔)에는 나이가 많은 소나무가 있었다. 가뭄이 들면 관에서 소나무 가지를 잘라서 용골(龍骨)을 만들어 기우제에 사용했다. 소나문는 남산에 많았으며, 이곳에는 백골송(白骨松)이 있었다. 『장안지(長安志)』에 따르면, 소화상(素和尙)이 머무는 대흥선사(大興善寺) 동곽에 마당에 측백나무가 4그루가 있었다. 그런데 여름에 측백나무에서 땀이 흘러 마치 사람의 기름처럼 씻을 수 없었다. 당나라 헌종 때 영의정이 소화상에게 제자가 측백나무를 베고 소나무를 심으려한다고 말했다. 이에 소화상이 측백나무를 바라보면서 "내가 너를 30여 년 동안 키웠는데 땀을 흘려 사람들의 미움을 받고 있으니, 다가오는 해 여름에 다시 땀을 흘리면 내가 반드시 너를 땔감으로 사용할 것이다."라고 했다. 측백나무는 소화상의 말을 들은 후 다시는 땀을 흘리지 않았다. 송나라 구종석(寇宗奭)의 『본초연의(本草衍義)』에 따르면, 관리 중 한 사람이 높은 곳에 올라가서 보니 측백나무 천만그루가 모두 서쪽을 향하고 있었다. 그 이유는 측백나무는 지극히 견고한 나무라서 서리와 눈을 두려워하지 않아 나무의 정기(正氣), 즉 나무의 바른 기운을 받아 다른 나무들이 미치지 못하기 때문이다.

---

176 『乾隆西安府志(一)』권18, 「食貨志下·物産」, pp.7-17.

측백나무는 금(金)의 정기를 받아 서쪽을 향하는 것이다. 『가지(賈志)』에 따르면, 노자는 200살 먹은 측백나무에 침을 주어 다시 살아나게 했다. 『서경잡기』에 따르면 상림원에는 10가지를 가진 향나무[檜, 栝]가 있었다. 향나무는 잎은 측백나무이고 줄기는 소나무이다. 『서경잡기』에 따르면 태액지(太液池) 서쪽에 한 그루 삼나무가 있었는데, 크기가 10여 둘레였다. 삼나무의 이름은 멀리서 바라보면 마치 머리카락이 긴 어린아이의 머리처럼 생겨서 붙인 것이다. 삼나무의 다른 이름은 점(粘)이다. 태액지 주변은 온통 조호(彫胡)·자탁(紫擇)·녹절(綠節) 등의 식물이었다. 장안 사람들은 고(菰)에 쌀알 같은 열매가 달리는 것을 조호, 갈대 중에서 아직 잎이 달리지 않은 것을 자탁, 고 중에서 머리 모양으로 줄기가 도톰해진 것을 녹절이라 불렀다. 그 사이에 들오리 새끼와 기러기 새끼가 가득했고, 자줏빛 거북과 초록 빛 자라가 많았다. 태액지 주변은 대부분 평탄한 사장인데 사장 위에는 사다새·자고새·해오라기·역새 등이 움직일 때마다 무리를 이루었다.[177]

『시경·소아』에 등장하는 개오동은 『사기본기』에 따르면 진나라 문공 27년에 서안 남산에서 큰 가라나무를 벴다는 기록이 있다. 갈매나무[鼠梓]는 고추(苦楸)라 부른다. 예장, 즉 녹나무는 『술이기』에 한무제가 곤명지(昆明池) 가운데 예장궁(豫章宮)을 짓고 예장목전(豫章木殿)을 지었다고 할 만큼 목재로서의 가치가 높았다. 『서경경기』에 따르면, 곤명지에는 과선(戈船)과 누선(樓船)이 각각 수백척이 있었다. 누선 위에는 덮개 없는 망루를 세웠고, 과선 위에는 창을 꽂았으며, 사방으로 모두 표기와 쇠꼬리 깃발과 여러 장식이 달린 깃발을 드리웠는데 물가를 밝게 비추었다. 『시경·진풍』에 목련과 함께 등장하는 녹나무[楠, 枏]는 예장보다 재질이 더 단단했다. 『태진외전(太眞外傳)』에 따르면 당나라 현종이 마외(馬嵬)를 출발해서 부풍(扶風)에 이르렀는데, 길옆의 석남(石楠)을 매우 좋아했다. 그래서 석남을 서정수(瑞正樹)라 불렀다. 늘 푸른 석남은 관중과 관롱(關隴)에 많았다. 『시경·대아』에 등장하는 오동나무[桐]는 『서경잡기』에 따르면, 상림원에 의동(椅동), 오동, 형동(荊桐)이 있었다.

---

177 유흠(갈홍 엮음), 『서경잡기』, 지식을만드는지식, 2012, p.32.

『진부견재기(晉苻堅載記)』에 따르면, 아방성(阿房城)에 수십 만주의 오동을 심었다. 『서경잡기』에 따르면 상림원에 느릅나무 중 흰느릅나무 3그루가 있었으며, 장안 고성에 느릅나무가 많았다. 『서경잡기』에 따르면 상림원에 회화나무가 64그루, 수궁괴(守宮槐)가 10그루 있었다. 『진부견재기』에 따르면, 장안 고성의 물 깊이20여 장에 이르는 수천(水泉)에 회화나무가 많았다. 장안에서 여러 주(州)에 이르는 협로(夾路)의 가로수가 회화나무였다.

〈사진 43〉 회화나무 가로수

『수당가화(隋唐嘉話)』에 따르면, 운양현 경계에서 한나라 이궁 고지에는 회화나무와 비슷하지만 잎이 가는 옥수(玉樹)가 있었다. 『장안지(長安志)』에 따르면, 상서성(尙書省) 도당(都堂) 남문 도로 동쪽에 나이 많은 회화나무의 그늘이 광상전(廣相傳)까지 이르렀다. 밤이 깊으면 사죽(絲竹)의 소리가 들렸다. 상서성에 출입하는 사람들은 이러한 소리를 내는 회화나무를 '음성수(音聲樹)'라 불렀다. 당나라 위지악(尉遲偓)의 『중조고사(中朝故事)』에 따르면, 천자가 있는 거리의 회화나무를 괴아(槐衙)라 불렀다.

〈사진 44〉 숭양서원의 회화나무

『시경·소아』에 등장하는 박달나무는 『본초강목』에 따르면 황백 두 종류가 있었다. 『시경·진풍(秦風)』에 나오는 개오동은 『함령지(咸寧志)』에 따르면, 산수(山水) 2종류가 있었는데, 목 종류의 재질이 치밀했다. 『서경잡기』에 따르면 상림원에는 단풍나무가 4종류 있었다. 『광군방보』에 따르면, 관섬(關陝)에는 단풍나무가 아주 많았는데, 키가 큰 것은 백양과 같았다. 적백 두 종류가 있었다. 『함령지』에 따르면, 버드나무 잎처럼 기름기가 있으면서 향기가 나는 것을 풍향(楓香)이라 불렀다. 수·당시대 궁정에 많이 심었다. 그래서 궁궐을 '풍신(楓宸)'이라 불렀다. 『시경·소아』에 '곡(穀)'이라 불렀던 닥나무는 관사(官祠)의 뒤에 관직(官稷)을 세우고, 직에 닥나무를 심었다. 껍질은 종이를 만들고 열매는 약으로 사용했다. 『함양지(咸陽志)』에 따르면, 농토가 황폐해서 잡초가 무성하면 닥나무가 자란다. 『본초강목』에 따르면 참죽나무는 가죽나무와 더불어 저(樗)와 고(栲)와 같은 종류이며, 3종이 있다. 붉은 참죽나무는 향기가 나며 잎은 먹을 수 있다. 『시경·빈풍』에 등장하는 가죽나무는 악목(惡木)이다. 『함양지』에 따르면, 백춘목(白椿木)은 냄새가 났다.

산가죽[山樗]은 『시경·소아』의 고(栲)이다. 『시경·진풍(秦風)』에 나오는 상수리나무[櫟]는 떡갈나무[柞]와 같이 사용했다. 차나뭇과의 상수리나무와 떡갈나무는 분류학이 발달하지 않았던 시대에는 거의 구분하지 않고 사용했기 때문이다. 그래서 자료에 등장하는 한자만으로 상수리나무와 떡갈나무를 구분하는 것은 아주 어렵다. 한나라의 이궁에는 '오작관(五柞官)'이 있었다. 이는 다섯 그루의 상수리 혹은 떡갈나무가 있었기 때문에 붙인 이름이다. 이곳의 나무는 5무을 덮을 만큼 큰 나무였다. 『본초강목』에는 2종의 상수리나무를 소개하고 있다. 열매를 맺지 않는 것을 역(棫), 나무의 심재가 붉고 열매 맺는 것을 허(栩), 열매를 상(橡)이라 불렀다. 『진부견재기』에 따르면, 『시경·소아』에 등장하는 버드나무[柳]는 회화나무처럼 장안에서 여러 주에 이르기까지 작은 도로에 중요한 가로수였다. 『당문예전(唐文藝傳)』에 따르면 당나라 왕유(王維, 701~761)의 별장에도 버드나무가 많았다. 왕유는 섬서성 종남산에 별장을 짓고 살았다. 그는 자신의 별장을 다음과 같이 노래했다.

「종남산의 별장 / 終南別業」

중년에 매우 도를 좋아해 / 中歲頗好道
늦은 나이 종남산에 별장을 짓고 / 晩家南山陲
마음 내키면 매번 혼자 갔네 / 興來每獨每
아름다운 경치는 부질없이 나만 아네 / 勝事空自知
개울물이 끝나는 곳까지 걸어가 / 行到水窮處
앉아서 일어나는 구름을 바라보다가 / 坐看雲起時
우연히 나무하는 늙은이를 만나 / 偶然値林叟
담소하다가 돌아오는 것조차 잊네 / 談笑無還期

산서성 기현(祁縣) 출신 왕유의 호는 자신의 이름 유자와 불경 속의 유명한 거사(居士)인 유마힐(維摩詰)을 조합한 것이다. 사대부 집안에서 태어난 그는 불교에 심취했다. 그래서 그는 안록산의 난 이후 벼슬을 버리고 불교에 귀의했다. 『중조고사』에 따르면, 곡강(曲江)가에도 버드나무가 많아서 '유아(柳衙)'라 불렀다. 서안의 곡강은 당나라 황실의 정원이었다. 그래서 당나라 시인들은 곡강을 노래했다. 그 중에서도 당나라의 시인을 대표하는 두보의 시중에 2편의 「곡강」은 가장 유명하다.

(1)

꽃잎 하나 날려도 봄빛은 깎이고 / 一片花飛減却春
바람이 많은 잎을 날리니 못내 시름겹다 / 風飄萬點正愁人
장차 다 떨어지는 꽃을 눈에 담고자 / 且看欲盡花經眼
지나친 줄 알면서 입에 술을 넣네 / 莫厭傷多酒入脣
강가 작은 집에 물총새 둥지 틀었고 / 江上小堂巢翡翠
동산 옆 높은 무덤에 기린이 누웠네 / 苑邊高塚臥麒麟
세상 이치를 보면 즐겁게 놀아야 하니 / 細推物理須行樂
어찌 덧없는 이름으로 이 몸을 묶으랴? / 何用浮名絆此身

(2)

조회 마치면 하루하루 봄옷을 장만하여 / 朝回日日典春衣
매일 강가에 나가 흠뻑 취해서 돌아오네 / 每日江頭盡醉歸
외상 술값은 항상 가는 곳 마다 있지만 / 酒債尋常行處有
인생 칠십은 고래희라 하지 않았던가? / 人生七十古來稀
꽃 찾는 호랑나비 보일 듯 말듯 / 穿花蛺蝶深深見
물 위에 앉은 잠자리 나는 듯 멈춘 듯 / 點水蜻蜓款款飛
바람과 빛에 전하노니, 함께 돌고 돌면서 / 傳語風光共流轉
잠시 함께 즐기세 나를 버리지 말고 / 暫時相賞莫相違

현재 서안시 성남 5킬로미터에 위치한 곡강은 한나라 무제가 처음 만들었고, 당나라 현종이 크게 수리했다. 두보의 시는 47세 좌습유(左拾遺) 시절의 작품이다. 시 중에서 '사람이 일흔 살까지 살기란 예로부터 드문 일'을 의미하는 '인생칠십고래희(人生七十古來稀)'는 하나의 고사로 사용할 만큼 유명하다. 『진중세시기』에 따르면, 곡강은 당나라 황제들이 진사시험에 합격한 자들을 곡강 서쪽 살구나무 숲[杏園]에 초대하여 '탐화연(探花宴)'을 개최한 것으로도 유명하다. 『여지지(輿地志)』에 따르면 떠나는 사람을 송별할 때 다리에서 버드나무 가지를 꺾어서 주었는데, 그 다리를 '소혼교(消魂橋)'라 불렀다. 『시경·대아』에 나오는 정류(檉柳)는 위성류(渭城柳)다. 위성류는 '우사(雨師)'라 부른다.

『삼보고사(三輔故事)』에 따르면 한나라 상림원에는 버드나무의 모양이 사람을 닮아서 하루에 세 번 잠자고 세 번 일어났다. 그래서 『광군방보』에서는 이 나무를 '삼춘류(三春柳)'라 불렀다. 『시경·진풍』에 등장하는 수양(水楊)은 수양(垂楊)버들이다. 장양궁(長楊宮)에는 수양버들이 여러 무에 걸쳐 있었다. 그래서 장양궁의 이름이 생겼다. 장안의 어구(長安御溝)는 '양구(楊溝)', 즉 '수양버들 도랑'이라 불렀다. 이처럼 장안에는 수양버들이 아주 많았다. 수양버들이 많았던 장양궁은 섬서성(陝西省) 주지현(周至縣)의 동남쪽에 있던 진한(秦漢) 때의 궁궐이며, 황제들이 수렵하던 곳이다. 조선 중기 정두경(鄭斗卿, 1597~1673)의 『동명집(東溟集)』「한궁사(漢宮詞) 12수(十二首)」에서도 장경궁과 버드나무가 등장한다.

〈사진 45〉 수양버들

〈사진 46〉 버드나무

장양궁 천자의 깃발에 햇살 비출 적에 / 日照長楊天子旗
높고 높은 석웅관에 곰을 잡아 바치누나 / 射熊高館獻熊羆
오랑캐 아이 실색하여 서로 보면서 / 胡兒失色爭相顧
선우의 밤 사냥보다 훨씬 낫구나 / 遠勝單于夜獵時
북쪽 변방의 자새 주위 관산에서 티끌 아니 일어나니 / 關山紫塞靜無塵
북궐에선 과시하기 위해 자주 사냥 하네 / 北闕誇胡射獵頻
하늘 위의 음악 소리 많은 집에 시끄럽고 / 天上歌鍾喧萬戶
황제성의 꽃과 버들 삼진 땅에 가득하네 / 帝城花柳滿三秦
봄바람은 진나라 황후가 있는 곳엔 닿지 않고 / 春風不到陳皇后
은혜는 곽 측근만 홀로 독차지 하는구나 / 雨露偏沾郭舍人
황제께서 사부를 몹시 좋아한다고 하니 / 共說君王好詞賦
사천 임공에서 술 팔던 사람 어찌 늘 가난하랴 / 臨邛賣酒豈長貧

섬서에는 백양도 아주 많았다. 『상림부(上林賦)』에 등장하는 여정(女貞)은 물푸레나뭇과의 광나무를 의미한다. 광나무와 같은 과의 쥐똥나무는 남정(男貞)이라 부른다. 모두 열매를 강조한 이름이다. 『본초강목』에 따르면 당시 사람들은 여정을 잘 모르고 있었다. 여정은 납수(蠟樹), 혹은 동청(冬靑)이라 불렀다. 그러나 『본초강목』에서도 지적하고 있는 것처럼 동청은 노박덩굴과의 사철나무를 의미한다. 동청은 태액지 주변에 있었다. 동청은 동청(凍靑)이라 불렀다. 『시경·소아』에 등장하는 물푸레나뭇과의 구골(枸骨)이 아니라 버드나뭇과의 '기(杞)', 즉 갯버들을 의미한다. 곤명의 영소(靈沼), 흑수(黑水), 원지(元沚) 주변 제방에 버드나무와 갯버들을 심었다. 『시경·주남』에 등장하는 모형(牡荊)은 콩과의 싸리나무다. 형조(荊條), 호지자(胡枝子)라 부른다. 『시경·소아』에 나오는 극(棘)은 주나라 때 '삼괴구극(三槐九棘)'의 극을 의미한다. 『마지(馬志)』에 따르면, 옹주의 시내나 골짜기에서 극이 많이 살았다. 극은 극침(棘鍼) 혹은 극자(棘刺)라 불렀다. 적극(赤棘)은 『시경·소아』에 나오는 기이(杞桋)다. 극과 이는 모두 대추나무의 일종이다.

『명의별록(名醫別錄)』에 따르면, 조협(皂莢)은 옹주 산곡에서 자라며, 모양이 돼지의 이빨처럼 생겼다. 조협은 콩과의 주엽나무를 의미한다. 조협의 '조'는 도토리의 소리를 의미하지만, 재질이 단단해서 마구간을 만들기도 했다. 송나라 팽승(彭乘)의 『묵객휘서(墨客揮犀)』에 따르면, 당나라 화청궁[청대의 영천관(靈泉觀)] 칠성전(七聖殿) 서남 모퉁이에서 수 십 보 떨어진 곳에 조각자 나무 한 그루가 있었다. 여러 사람이 가지와 줄기를 안으면 힘들 정도였다. 전하는 말에 이곳의 조각자는 당나라 현종이 양귀비와 함께 심었다고 한다. 해마다 이 나무의 열매가 수십 협(筴)이었다. 『함양지』에 따르면 진나라 사람들은 주엽나무를 토지신인 사(社)의 나무로 삼았다. 그런데 『서안부지』에서는 갈잎 큰키나무 주엽나무와 조각자나무를 혼용하고 있다. 주엽나무와 조각자나무는 같은 콩과이면서 아주 비슷해서 구분이 쉽지 않지만 엄연히 다른 나무다. 주엽나무는 열매를 강조한 이름인 반면 조각자(皁角刺)나무는 가시를 강조한 이름이다. 주엽나무와 조각자나무를 구분하는 방법은 꽃과 열매 및 줄기 색깔이다. 주엽나무는 꽃과 열매가 비틀려서 꼬이는 반면 조각자나무는 그렇지 않고, 주엽나무는 껍질이 흑회갈색인 반면 조각자나무는 흑회색이다. 경주 독락당 조각자나무는 우리나라에서 유일의 천연기념물(제115호)이다. 그런데 이곳의 조각자나무는 2008년 전까지 '독락당의 중국주엽나무'로 불렸으나 2008년 4월 변경했다. 경주에는 우리나라에서도 조각자나무와 주엽나무가 살고 있는 대표 지역이다. 경주에는 독락당 외에도 양동마을의 관가정(觀稼亭)과 최치원을 기린 상서장(上書莊)에도 조각자나무가 있다. 천마총에는 주엽나무가 살고 있다.

영수목(靈壽木)은 『시경·대아』에 등장하는 거(椐)다. 거는 궤(樻)다. 『한공광전(漢孔光傳)』에 따르면, 공광이 병을 이유로 자리에서 물러나려하자, 태후가 영수장(靈壽杖)을 하사했다. 『한공광전』의 주에 따르면, 영수장은 대나무와 비슷해서 줄기에 마디가 있고 길이는 8-9척, 둘레는 3-4촌에 불과하다. 공광은 한나라 원제·성제·애제·평제 등 4황제 아래에서 벼슬하고, 태부(太傅)·태사(太師)에 이르러 박사후(博士侯)에 봉해졌다. 공광이 태후에게 받은 영수장은 이후 이 나무를 '지팡이'로 불리도록 했다. 이러한 예는 『동국이상국집(東國李相國文集)』에서도 확인할 수 있다.

「대장(大丈) 김자유(金子由)가 윤학록(尹學錄)에게 주등장(朱藤杖)을 선물로 받고는 나에게 시를 지으라고 하다/金大丈子由得尹學錄所贈朱藤杖請予賦之」

계림 선생이 아흔 살을 넘어 / 鷄林先生九十餘
두 볼에 흰 수염 눈서리와 같은데 / 十分霜雪黏雙鬢
신선의 단약 못 이루어 다리가 둔해 / 金丹未就脚稍澁
나고 듦에 지팡이를 의지하네 / 出門入門須杖扶
윤랑의 의기는 모두 아는 바이라 / 尹郎意氣衆所憑
남만에서 난 만년의 홍등장 선사했지 / 贈之以南詔萬歲之紅藤
성글고 고른 다섯 마디는 한 손아귀보다 굵고 / 五節踈匀過手卓
길고 곧은 여섯 자는 어깨 높이와 같아 / 六尺脩直等肩升
천산 만곡을 마음껏 다닐 수 있으니 / 千山萬谷意自便
어제의 늙은이가 오늘은 젊은이로세 / 昨日衰翁今壯年
장안에 술집 많으니 / 長安多酒店
동전 백 닢쯤 매달고 다니게 / 遊必掛百錢
그대는 보지 않았는가, 공광의 영수장을 / 君不見孔光靈壽煩帝賜
머리 희도록 물러날 줄 몰랐지만 / 白首冒榮能不恥
선생은 본디 신선을 그리는 마음으로 / 先生本有紫霞想
몸에 구슬과 인끈 좋아하지 않았지 / 不事嬰身珪組累
선생은 이런 소박한 기풍 있으니 / 先生有素風
이 지팡이는 산중의 처사(處士)에게 마땅하오 / 此杖宜山中
하필 나공원을 배우겠는가 / 何必學羅公遠
지팡이로 은교 만들어 월궁에 들어간 일을 / 擲作銀橋入月宮

시에서도 영수목의 특성에 대해서 언급하고 있다. 『오주연문장전산고(五洲衍文長箋散稿)』 「장리(杖履)·영수장변증설(靈壽杖辨證說)」에서 영수목을 자세하게 소개하고 있다. 그런데 영수장에 대한 소개 내용은 『본초강목』을 인용한 것이다. 『본초강목』의 영수목 관련 내용은 『한공광전』의 내용과 같다. 『오주연문장전산고』의 저자 이규경(李圭景, 1788-1863)은 중국의 영수목과 조선의 영수목은 다르다고 지적하고 있다. 그는 중국 당나라 진장기(陳藏器, 678?-757)의 『본초습유(本草拾遺)』의 송(樬)에 주목하고 『화한삼재(和漢三才圖)』에서 송을 섭목[樼木: 속명은 신목(新木)]으로 풀이한 것에 기초해서 조선에서 애기하는 영수목은 두채목(頭菜木)이라 보았다. 두채목의 속명은 두읍목(豆邑木)이다. 두채목은 창병, 즉 창의 자루 혹은 백봉, 즉 몽둥이를 만들었다. 두채목은 말리면 철처럼 쉽게 부러지지 않았다. 그래서 사냥하는 자들은 호랑이를 찌를 때 이것을 사용했다. 지팡이로도 적합했다. 이규경이 참고한 『화한삼재도』는 중국 명나라 왕기(王圻)의 『삼재도회』를 일본에서 쇼토쿠(正德) 2년(1712년)경 데라시마 료안(寺島良安)이 편찬한 백과사전이다. 이규경이 언급한 나무는 두릅나뭇과의 두릅나무다. 『우암고(寓菴稿)』「영수장부(靈壽杖賦)」에서는 영수목을 강남의 좋은 나무로 소개하고 있다. 『추재집(秋齋集)』「한동랑(치요)이 준 부노장에 사례하며/謝韓冬郎(致堯) 扶老杖」라는 시에 따르면, 영수장은 부로장 외에 부로등(扶老藤), 귀면등(鬼面藤), 청려(青藜), 단려(丹藜)라 불렀다.

『유양잡조』에 따르면, 파라목(婆羅木)은 자은사(慈恩寺) 전정(殿庭)에 큰 파라목이 있었다. 당나라 예종의 대력(大歷)연간에 안서(安西), 즉 감숙성 서쪽 끝에서 보낸 것이다. 『시경·소아』에 등장하는 감탕나무[杻]는 관청의 동산에 심었으며, 만세(萬歲) 혹은 반근(半筋)이라 불렀다. 『시경·대아』에 등장하는 고(楛)는 싸리나무다. 『도경본초(圖經本草)』에 따르면, 난화(欒華)는 장안의 산에 있으며, 그 열매는 목란자(木欒子)라 불렀다. 난화는 무환자나뭇과의 모감주나무다. 『상림부주(上林賦註)』에 따르면, 참나뭇과의 늘푸른큰키나무 종가시나무[櫧]는 차나뭇과 사스레피나무[柃]의 잎과 닮았으며, 산곡에서 산다. 곡(槲)은 『시경·소남』에 등장하는속(樕), 즉 떡갈나무다. 『본초강목』에 따르면, 떡

〈사진 47〉 모감주나무

갈나무에는 두 종류가 있었는데, 작은 것을 포(枹), 큰 것을 대엽역수(大葉櫟樹)라 불렀다. 『시경·대아』에 나오는 박(樸)은 떡갈나무다. 『당본초(唐本草)』에 따르면 멀구슬나무[楝] 중 수나무는 열매가 없고 뿌리가 붉으며, 암나무는 열매가 있으며, 뿌리가 희다. 『시경·대아』에 나오는 갈잎큰키나무 이나무[椅]는 『본초강목』에 개오동 중에서도 아름다운 것을 말한다고 적고 있지만, 개오동과는 다른 나무이다. 이나무는 남산에서 생산되었다.

『시경·진풍(秦風)』에 나오는 뽕나무[桑]에는 여러 종류가 있었다. 『함령지』에 따르면, 잎이 비옥한 것은 옥상(沃桑)이라 불렀으며, 열매를 맺지 않는 것은 누에를 키우기에 좋았다. 오디에는 흑백 2종이 있었다. 『시경·대아』에 나오는 뽕나무[檿]는 산뽕나무를 말한다. 『주례·고공기』에 등장하는 자(柘)는 꾸지뽕나무이다. 『주례』에는 꾸지뽕나무의 줄기로 만든 활을 최고로 꼽고 있다. 『청이록(淸異錄)』에 따르면, 곡강의 집 주변에 나이가 많은 꾸지뽕나무가 광풍에 뿌리 하나가 뽑혀서 그릇을 만들었는데, 꽃무늬가 아주 기이했다. 사람들이 또한 최고라고 평가하면서 그 나무를 '문장수(文章樹)'라 불렀다. 『함령지』에 따르면 꾸지뽕나무 잎도 누에를 먹일 수 있었다.

〈사진 48〉 꾸지뽕나무

당나라 이조(李肇)의 『국사보(國史補)』에 따르면, 모란은 장안의 귀한 놀이 중 하나였다. 그래서 매년 봄날 저녁에 모란을 보러 수레를 미친 듯이 몰고 가지 않는 것을 부끄럽게 여겼다. 당나라 이준(李浚)의 『척이기(摭異記)』에 따르면, 개원시기 궁궐에서는 목작약(木芍藥), 즉 모란을 귀하게 여겼다. 여러 그루의 모란 중 홍자색이나 옅은 홍색, 아주 흰 모란을 흥경지(興慶池) 동편과 침향정(沈香亭) 앞에 옮겨 심었다. 『유양잡조』에 따르면, 개원 연간에 배사엄(裵士淹)이

분주(汾州)의 중향사(衆香寺)를 지나다가 백모란 한 그루를 얻어 장안에 옮겨 심었다. 『함령지』에 따르면 모란의 이름은 백여 조종에 이르렀다.

장소망(張所望)의 『열경여록(閱耕餘錄)』에 따르면, 송나라 순희 연간의 진중(秦中) 지역 해당화는 강회(江淮)에서 생산되는 것과 비교할 수 없을 만큼 뛰어났다. 목란(木蘭), 즉 목련에 대해서는 『태진외전』에 나온다. 당나라 현종이 여러 왕들과 목란전(木蘭殿)에서 잔치를 열었을 때 목련이 활짝 피었다. 그러나 현종의 기분은 좋지 않았다. 양귀비가 취중에 옷깃을 날리면서 춤을 추자 그 때서야 현종이 크게 기뻐했다. 송나라 『태평광기(太平廣記)』에 따르면, 장안의 돈화방(敦化坊)의 백성들 집에 큰 목련 한그루가 있었는데 꽃 색깔이 아주 붉었다. 이런 점으로 보아 목란은 자목련이다. 목련 중에는 백목련 신이(辛夷)가 있었다. 『당서문예전(唐書文藝傳)』에 따르면, 서안 남전(藍田) 망천(輞川)의 왕유 별장에 신이오(辛夷塢)가 있었다. 신이오는 백목련이 가득한 언덕을 뜻하는 지명이다. 『광군방보』에 따르면, 신이는 신치(辛雉), 목필(木筆)이라 불렀다. 왕유는 「신이오」의 시를 남겼다.

나무 가지 끝 부용화/木末芙蓉花
산 속에 붉은 꽃 피었구나/山中發紅萼
개울가 집 한적해서 인적도 없어/澗戶寂無人
어지러이 피었다가 또 지네/紛紛開且落

〈사진 49〉 목련

『광군방보』에 따르면, 수구(繡毬), 즉 수국은 봄에 피며, 남전에 많았다. 동양무의(東陽無疑)의 『제해기(齊諧記)』에 따르면 자형(紫荊), 즉 콩과의 박태기나무와 관련해서 다음과 같은 얘기가 전한다.

> 중국 남조 시대 양나라 수도 남경에 사는 전진(田眞)의 3형제가 부모가 돌아가시자 재산을 똑같이 나누기로 했다. 3형제는 뜰에 한 그루 자형나무마저 세 등분하기로 하자 곧 말라 죽어버렸다. 다. 죽은 모습이 마치 불꽃같았다. 전진이 크게 놀라 나무를 나누지 않기로 하자 잎이 무성하게 돋아났다.

박태기나무는 『제해기』의 기록 덕분에 형제의 우애를 상징하는 나무로 인식되어 우리나라에서도 수용했다. 고려 후기 이곡(李穀)의 『가정집(稼亭集)』에서 확인할 수 있다.

> **「가형(家兄)의 글을 받고 / 得家兄書」**
>
> 천한 이 몸이 무슨 일을 이루려고 / 賤子成何事
> 해마다 멀리 나와 이렇게 노니는지 / 年年作遠遊
> 산사나무 꽃 핀 곳이 많이 있으리오 / 棣華開處少
> 자형(紫荊) 나무 그윽이 정원에 있도다 / 荊樹得庭幽
> 황이가 수고하며 전해 준 서신이요 / 信字煩黃耳
> 모두 백발로 변한 남은 생애로다 / 餘生共白頭
> 편지를 덮고 괜히 슬피 바라보나니 / 置書空悵望
> 강물은 날마다 동쪽으로 흘러가네 / 江海日東流

이현일의 『갈암집별집』에서는 형수(荊樹)로 등장한다.

「가군의 생신날 시에 삼가 차운하다 / 伏次家君生朝韻」

적막한 마음은 소박함을 좋아하여 / 寂寞心期慕采椽
은거하려 하지 않았지만 뜻은 오히려 확고하네 / 不圖箕潁意還專
내 마음 티끌 쌓인 세상에 머물려 하겠는가 / 靈臺肯許留塵滓
세상 변화에 상심한 것이 바로 이때라네 / 世變堪傷不後前
박태기나무는 아침마다 다투어 꽃을 피우고 / 荊樹朝朝交暎蕚
형제들 일마다 현자 되기 바라네 / 鯉庭事事要希賢
빈 당에 밤이 깊어 시끄럽던 소리 잠잠해지니 / 虛堂夜久喧囂息
가곡이 모두 가군의 만수무강을 비는 것이네 / 歌曲渾祈壽萬年

『광군방보』에 따르면 자미(紫薇)는 백일홍이라 부른다. 『당백관지(唐百官志)』에 따르면, 당나라 현종은 개원 원년에 중서성(中書省)을 자미성(紫薇省)이라 고쳤다.

〈사진 50〉 배롱나무(백일홍)

치자는 『상림부』에 선지(鮮支)라 적혀 있다. 『광군방보』에 따르면, 두견(杜鵑), 즉 진달래는 홍척촉(紅躑躅), 산석류(山石榴)라 부른다. 목근(木槿), 즉 무궁화는 왕유의 「왕유망천장시(王維輞川莊詩)」에 등장한다. 『당본초(唐本草)』에 따르면, 야합, 즉 자귀나무는 잎이 회화나무와 닮았다. 서경(西京)의 주택이나 산지(山池) 등에 자귀나무가 있었다. 자귀나무의 다른 이름은 합혼(合昏)이다. 박사호(朴思浩)가 청나라에 다녀오면서 쓴 사행일기(使行日記) 『심전고(心田稿)』 「연계기정(燕薊紀程)」에서도 야합수를 소개하고 있다. 저자는 자귀나무를 매우 기이하다고 표현했다.

〈사진 51〉 자귀나무

암계(巖桂)는 『상림부』에 나오는 계초(桂椒)다. 『습유기(拾遺記)』에 따르면, 전한(前漢) 소제(昭帝) 원봉(元鳳) 2년(기원전 79) 임지(琳池) 남쪽에 계대(桂臺)를 세웠다. 계대에서 멀리 바라보면 기운이 동쪽으로 태액(太液)의 물을 이끈다. 태액에는 연리지 계수나무가 있었다. 계초는 '매독환주(買櫝還珠)'라는 고사성어에 등장한다. 매독환주는 교언영색(巧言令色)과 유사한 뜻이다. 이 내용은 『한비자(韓非子)·외저설좌상(外儲說左上)』에 나온다.

> 어떤 초나라 사람은 정(鄭)나라에서 진주를 팔았다. 그는 자목련으로 상자를 만들고 계수나무로 향기를 내고, 주옥을 달고 붉은 보석으로 장식했고 비취 깃을 달았다. 그러자 정나라 사람은 상자만 사고 진주는 돌려보냈다.

〈사진 52〉 계수나무

〈사진 53〉 동백나무

산다(山茶)는 동백나무다. 『광군방보』에 따르면 잎이 차와 비슷하고 겨울 동안 시들지 않아서 차의 이름을 얻었다. 『서경잡기』에 따르면 상림원에 납매(蠟梅)가 있었다. 한 겨울에 꽃이 핀다. 허균의 『성소부부고(惺所覆瓿藁) · 한정록(閑情錄)』 「화목(花目)」에 납매를 소개하고 있다.

> 연경(燕京)에는 날씨가 워낙 추워서 남쪽 지방의 이름난 꽃들이 많이 올라오지 않고 혹 올라오더라도 거의 세도가(勢道家)들의 소유가 되어서, 유생 한사(儒生寒士)들은 구경도 할 수 없기 때문에 부득이 가까운 데서 입수하기 쉬운 꽃이나 구하게 마련이다. 내가 가까운 데서 입수하기 쉬운 꽃을 구하는 품목으로는 봄에는 매화 · 해당화이고 여름에는 모란 · 작약 · 안석류(安石榴)이고 가을에는 목서(木樨) · 연화(蓮花) · 국화이고, 겨울에는 납매(蠟梅)로 한 거실 안에 순향(荀香)과 하분(何粉)이 교대로 빈객(賓客)이 되었다.

『갈암집』에는 납매를 납매(臘梅)로 등장하지만 같이 사용한다.

「종질(從姪) 정수(定叟) 표(杓) 가 매화를 꺾어 부쳐 준 데 사례하다 / 謝從姪定叟(杓) 折梅見寄」

영외로 집을 옮긴지도 사십 년 세월 흘러 / 嶺外移家四十霜
섣달 매화 필 시절엔 곱절이나 고향 그리워라 / 臘梅時節倍思鄕
누가 매화가지 꺾어 이렇게 멀리 보내 주어 / 誰教攀折遙相贈
그윽한 창가에서 코에 가득 향기 맡게 하는가 / 賸得幽牕滿鼻香

납매와 관련해서 한가지 지적할 것은 조선시대 시인들이 얘기하는 납매는 중국의 납매를 의미하기보다는 섣달에 피는 매화를 일컫는다. 『갈암집』의 권두인(權斗寅) 행장(行狀)에서 확인할 수 있다. 권두인은 10세 때에 남한산성(南漢山城)이 포위되었다는 소식을 듣고 납매시(臘梅詩)를 읊었다.

창 앞의 4그루 매화나무 / 窓前四梅樹
황혼의 달을 향해 피었네 / 開向黃昏月
꽃 아래에서 음주나 하려 했더니 / 欲飮花下酒
오랑캐가 성궐을 에워쌌다 하는구나 / 奴賊圍城闕

〈사진 54〉 납매

〈사진 55〉 매실나무

〈사진 56〉 매처학자

영춘(迎春)은 물푸레나뭇과의 갈잎떨기나무다. 『광군방보』에 따르면 영춘화의 다른 이름은 금요대(金腰帶)다. 정향(丁香), 즉 수수꽃다리는 계설향(鷄舌香)이라 한다. 『삼성고사(三省故事)』에 따르면 낭관(郎官)들은 입에 정향을 물었다. 이는 입 안의 냄새를 없애기 위해서였다. 『조선왕조실록』에도 정향에 대한 얘기가 적잖이 나온다. 영작(靈雀)과 경화(瓊花)는 우리나라에서는 볼 수 없는 나무이다. 꽁과의 자등(紫藤)은 4월 경에 자색꽃이 피어서 붙인 이름이다. 장안에서는 정원을 꾸밀 때 사용한다. 남등(南藤)은 정공등(丁公藤)이라 한다. 영락등(瓔珞藤)은 열매가 구슬처럼 생겨서 붙인 이름이다. 대나무는 『시경·소아』에 죽포(竹苞)로 등장한다. 『산해경(山海經)·서산경(西山經)』에 따르면 위수 주변에 산죽이 많았으며, 산죽으로 화살을 만들었다. 『사기·화식전』에는 위천(渭川) 천무의 땅에 대나무가 있었는데, 사람들은 대나무밭을 천호후(千戶侯)라 불렀다. 호사(鄠社)에는 죽림이 있었으며, 태액지 언덕에도 대나무가 아주 많았다. 『당문예전』에 따르면, 망천에는 죽리관이 있었다. 당나라 왕유도 망천 죽리관을 노래했다. 망천에는 금사죽(金絲竹)이 많았다.

> 홀로 그윽한 대숲에 앉아 / 獨坐幽篁裏
> 거문고 타다가 휘파람 길게 부네 / 彈琴復長嘯
> 숲 깊으니 사람들이 모르지만/ 深林人不知
> 밝은 달이 비추어 주네 / 明月來相照

『함령지』에는 봉미죽(鳳尾竹), 송화죽(松花竹) 등 대나무의 종류를 소개하고 있다. 흑죽은 섬기(纖器)를 만들었다. 주나라 목왕(穆王)은 원지(元池)에 노닐다가 대나무를 심었는데, 그 대나무는 모두 반죽(斑竹)이었다. 『서경잡기』에 따르면 단청수(丹靑樹)는 종남산에 있었으며, 크기가 백척이었다. 그런데 이 나무는 가지가 없어서 위로 뻗기만 했다. 단청수는 화개수(華蓋樹), 혹은 천년장생수(千年長生樹), 만년장생수(萬年長生樹)라 불렀다. 『유성남기(遊城南記)』에 따르면 칠엽수(七葉樹)는 두우성(杜佑城) 남쪽 번천(樊川)의 계림정(桂林亭)에 있었다. 칠엽수는 잎이 7개라서 붙인 이름이다. 모목(模木)은 무늬가 있는 나무라는 뜻이다. 『회남왕초목보(淮南王草木譜)』에 따르면, 주나라 주공의 무덤가에 모목이 있었는데 잎이 봄에는 푸르고, 여름에는 붉고, 가을에는 희고, 겨울에는 검었다. 『명일통지(明一統志)』에 따르면, 정토수(淨土樹)는 호현(鄠縣) 남쪽에 있었으며, 3월에 꽃이 피고, 8월에 열매를 맺었다. 꽃은 복사꽃을 닮았으며, 열매는 작은 밤을 닮았다. 민간에서는 이 나무가 구차출신의 구마라십이 거꾸로 심어서 태어난 나무라 여겼다.

섬서성 서안은 중국사에서 매우 중요한 지역이다. 서안은 서한(西漢), 신(新), 동한(東漢), 서진(西晉), 전조(前趙), 전진(前秦), 후진(後秦), 서위(西魏), 북위(北魏), 북주(北周), 수(隋), 당(唐)의 수도였기 때문이다. 서안의 옛 이름은 장안이다. 장안은 기원전 202년 한나라 고조가 장안현(長安縣)을 설치하면서 역사의 무대에 처음 등장했다. 장안은 오대의 양나라가 대안(大安)으로 부르다가 당나라가 다시 장안으로 고쳐 불렀다. 장안이 서안으로 바뀐 것은 1279년 원나라가 "서부 지역을 안정시킨다"는 뜻을 가진 안서로총관부(安西路總管府)를 설치하면서부터였다. 명나라가 다시 서안부로 고쳐 설치했다.

섬서성 유림부(楡林府)는 느릅나무가 많아서 생긴 이름이다. 횡산(橫山)의 경우 나무가 자라는 데 적합하지 않은 곳이었지만, 느릅나무와 버드나무는 아주 많았다. 따라서 이곳 상인들은 느릅나무를 남쪽 지방에 팔았다.[178] 서안부 함양현에서는 숯을 파는 장사가 있었다. 숯장사들은 배를 이용해서 산서에서 위남(渭南)을 통해 숯을 가져와서 인근의 주호(盩鄠) 및 봉상(封賞)에 판매했다.[179] 봉상부에서도 숯은 판목(板木)과 더불어 화폐로 취급했다.[180]

---

178 『民國橫山縣志』권3, 「實業志」, p.35.

179 『民國重修咸陽縣志』권1, 「地理志·物産」, p.22.

180 『乾隆鳳翔府志』권4, 「食貨」, p.47.

Chapter 03

황토고원의 산림 분포

1. 하대~춘추·전국시대의 산림
2. 진·한제국시대의 산림
3. 수·당제국시대의 산림
4. 명·청제국시대의 산림

3장 : 황토고원의 산림 분포

1 —— 하대~춘추 · 전국시대의 산림

숲의 관점에서 중국의 문명사를 바라보면 정통 역사학에서 알 수 없는 장면을 목격할 수 있다. 재레드 다이아몬드는 문명의 붕괴가 숲과 밀접한 관계가 있다는 것을 구체적인 사례를 통해 설명했다.[1] 그래서 숲에 관심을 가진 연구자들은 인류가 만든 문명이 숲과 더불어 흥망성쇠를 거듭했다는 사실에 크게 놀라지 않는다. 영국 및 미국의 중국 역사학자 마크 앨빈은 숲의 관점에서 중국의 문명사를 바라본 연구자 중에서 가장 탁월한 업적을 남겼다.[2] 인류의 문명사는 곧 숲 훼손의 역사와 비례한다. 산림학에서는 산업혁명이전까지를 '목재시대'로 부른다. 그러나 정통 역사학에서는 생산수단을 중심으로 시대를 구분하고 있지만 숲을 생산수단의 주요 요소로 인정하지 않고 있다. 그래서 숲은 지금까지도 역사학에서 큰 관심을 끌지 못하고 있다.

신석기시대부터 춘추전국시대의 기후는 지금보다 높았다. 역사시기 황토고원에는 울창한 숲이었다. 물론 숲 사이에 평원이 있었다. 산림지대가 농업

---

1 재레드 다이아몬드 지음, 강주헌 옮김, 『문명의 붕괴』, 김영사, 2005.

2 마크 엘빈 지음, 정철웅 옮김, 『코끼리의 후퇴』, 사계절, 2011.

지대보다 훨씬 많았다. 황토고원의 울창한 숲은 황하 중류의 중요한 산림 지대를 형성했다. 숲은 산지만이 아니라 산 아래 들판에서도 존재했다. 지금의 산서 가람(岢嵐), 오채(五寨) 지역, 즉 여량산(呂梁山) 지맥(支脈)은 유명한 산림 지대였다. 자오령(子午嶺) 남부와 중부는 지금도 산림지대로 남아 있다. 그러나 자오령 이서에는 상대적으로 산림이 적게 분포했다. 그러나 육반산(六盤山)과 굴오산(屈吳山)에는 일찍부터 산림지대였다.[3] 『시경』에는 주나라 시대 황하 중류지역의 숲에 대한 정보를 알려준다. 당시 유명한 숲은 평림(平林),[4] 중림(中林),[5]이라 불렀다. 이외에도 역림(棫林)과 도림(桃林)이 있었다. 지금의 섬서성 부풍(扶風)과 보계(寶鷄) 일대에 위치한 역림은 상수리나무 숲이었다.[6] 지금의 섬서성 동관(潼關)에서 하남성 영보(靈寶)까지 이어진 도림은 복사나무 숲이었다.[7]

중국의 문명은 상나라(은나라)부터 시작되었다. 상나라를 문명의 첫 단계로 보는 이유는 문명의 지표 때문이다. 문명의 지표는 크게 청동기, 계급, 문자, 종교를 꼽는다. 은나라는 신석기시대인 하나라를 이은 중국 최초의 청동기시대이자 갑골문자를 만들었다. 청동기의 등장은 석기를 사용하던 신석기와는 전혀 다른 상황을 만들었다. 석기시대의 숲은 도구가 지닌 한계로 크게 훼손되지 않았다. 그러나 청동기시대는 청동으로 만든 도끼 때문에 숲은 이전보다 크게 훼손되기 시작했다. 그러나 상나라 때까지만 해도 중국 전역은 대부분 울창한 숲이었다. 상나라 때 중국의 전역에는 코끼리가 살고 있었다. 코끼리가 살고 있었다는 것은 코끼리의 서식지인 숲이 울창했다는 것을 의미한다. 중국에서 코끼리가 점차 사라진 시기는 기원전 1000년경이었다. 코끼리의 후퇴는 중국인들의 거주지 확대와 비례한다.[8] 이 사실은 중국 농업사회의 변화와 일치한다는 점을 시사한다. 중국인들의 거주지 확대는 농업의 발달과

---

3 史念海, 『黃土高原』, 黃河水利出版社, 2002, pp.388-389.
4 『詩經·小雅·甫田之什·車舝』: 『詩經·大雅·生民之什·生民』.
5 『詩經·小雅·節南山之什·正月』.
6 史念海, 앞의 책, p.436.
7 史念海, 앞의 책, p.436.
8 마크 엘빈 지음, 정철웅 옮김, 위의 책, pp.58-59.

비례하기 때문이다.

농업은 생산수단의 발달에 따라 크게 변한다. 중국의 농업은 황토고원과 밀접한 관계가 있는 진령을 기준으로 크게 두 지대, 즉 진령 위쪽은 밭농사, 아래쪽은 논농사이다. 따라서 황토고원지대는 밭농사 중심이다. 밭농사는 중국 고대문명의 근원지의 핵심 농업이었다. 밭농사가 발달할수록 농경지는 늘어난 반면 숲은 줄어들었다. 상나라의 전기는 기원전 1600년부터 1300년까지, 도읍을 은으로 바꾼 후기는 기원전 1300년부터 1046년까지이다. 상나라 전기의 수도는 안양(安陽)이고, 후기의 수도는 은(殷)이었다. 상나라의 중심지였던 언사(偃師), 정주(鄭州), 안양(安陽) 등은 현재 하남성(河南省)에 위치한다. 하남성은 황하의 남쪽에 위치한다. 상나라 시대에 코끼리가 많이 서식할 수 있었던 것은 청동기로 농사를 짓지 않았기 때문이다. 상나라 때 처음 등장한 청동기는 주로 제사용과 무기용이었다. 물론 청동기를 제작하는 과정에서 적지 않은 숲이 사라진 것은 사실이다. 그러나 청동기는 인구의 증가와 농경지가 크게 확대되는 철기시대와 비교하면 숲을 엄청나게 파괴하지는 않았다.

상나라를 이은 주나라가 등장하면서 농경지는 이전보다 훨씬 빠른 속도로 늘어나기 시작했다. 마크 앨빈은 주나라 초기 문화의 특징을 '야생동물과의 전쟁'으로 묘사했다.[9] 주나라 목왕을 주인공으로 삼은 진(晉) 곽박(郭璞, 276-324)의 작품인 중국 최초의 기행문인 『목천자전(穆天子傳)』을 통해서도 황하유역의 자연생태를 읽을 수 있다. 『목천자전』에 등장하는 "약림제수(掠林除藪)"[10]는 '숲을 약탈하고 늪을 제거했다'는 뜻이다. 이 말은 곧 주나라 때 대대적으로 삼림을 훼손하고 늪을 개간했다는 것을 의미한다. 그러나 주나라의 산림훼손은 중국 역사의 시작과 함께 진행된 '문명화'의 연장에 불과했다. 전국시대의 『맹자(孟子)』는 중국의 문명화가 숲에 미친 영향을 짐작할 수 있는 중요한 정보를 제공한다.

9 마크 엘빈 지음, 정철웅 옮김, 위의 책. p.59.

10 郭璞, 『穆天子傳』, 中華書局, 1976, 권5, p.3.

요임금 당시 천하가 아직 평정되지 않아 홍수가 멋대로 흘러 천하에 범람하여 초목이 번창하고 금수가 번식했다. 오곡이 성숙하지 못하며 금수가 사람을 핍박하여 짐승의 발자국과 세발자국의 흔적이 중국에 교차하니, 요임금이 혼자 이것을 걱정해서 순임금을 세워 다스리게 했다. 순은 익(益)으로 하여금 불을 맡게 하니, 익이 산택(山澤)에 불을 질러 태우자 금수가 도망해서 숨었다.[11]

요순이 죽고 난 후 상황은 이전처럼 바뀌었다. 그러나 유학자인 맹자는 요순의 죽음과 동시에 문명화의 퇴보가 발생했다고 지적했다.

요순이 죽자 성인의 도가 쇠하여 폭군이 대대로 나와서 백성의 집을 파괴하여 웅덩이과 못을 만들어 백성들이 편하게 살 곳이 없었고, 농지를 버려 동산을 만들어 백성이 의식을 얻을 수 없었으며, 부정한 학설과 포학한 행동이 또 일어나 원유(園囿:동산)와 오지(汚池:웅덩이) 및 패택(沛澤:늪과 연못)이 많아져 금수가 이르렀다.

요순이 죽자 금수가 다시 등장했다. 요순이 죽은 후 하나라의 걸왕과 상나라의 주왕이 등장했다. 유학자들은 걸주를 폭군의 대명사로 평가했다. 폭군은 농경지를 방치하고 백성을 돌보지 않아 다시 금수가 등장했던 것이다. 그러나 주나라의 주공(周公)이 무왕(武王)을 도와 폭군 주왕을 몰아내고, 이어서 엄(奄)나라를 정벌한지 3년 만에 엄의 군주를 토벌하고, 주왕의 총애를 받았던 비렴(飛廉)을 바다 모퉁이로 몰고 죽였으며, 아울러 뱀과 표범, 코뿔소와 코끼리를 몰아냈다. 이처럼 주나라의 등장으로 다시 문명화가 시작되었던 것이다. 맹자의 이러한 인식은 요순에서 주나라의 등장은 곧 문명화의 과정이고, 문명화 과정은 곧 숲의 훼손 과정이었다.

11 成百曉 譯註, 『孟子集註』(傳統文化硏究會, 1991), 「藤文公章句上」, p.157.

춘추전국시대는 중국의 문명화 과정에서 중요한 시기였다. 특히 공자가 살았던 춘추 말은 중국의 역사에 중요한 의미를 갖는 시기였다. 이 시기에 '우경(牛耕)'이 시작되었기 때문이다. 춘추시대는 주나라의 쇠퇴로 등장했지만 혼란한 시기는 새로운 변화를 낳았다. 우경은 중국인들이 사람의 힘에서 동물의 힘을 농사에 적용한 최초의 사례였다. 우경은 사람의 힘만으로 하던 '인경(人耕)'에서 벗어나 삶에 새로운 경지를 열었다. 물론 춘추 말에 우경이 등장했다고 해서 모든 사람들이 소를 통해 농사를 지었다는 뜻은 결코 아니다. 우경은 인경보다 최대 10배의 노동효과를 발휘할 수 있었지만, 보통 사람들이 가질 수 없을 만큼 귀한 존재였다. 그래서 중국의 경우 청대까지 일반 농가에서는 우경보다 인경으로 농사를 지었다.

우경의 출현은 숲과 관련해서도 중요한 의미를 갖는다. 춘추 말 우경의 등장은 단순히 소를 이용한 농사를 의미하는 것이 아니라 생산수단의 큰 변화를 의미하기 때문이다. 우경의 출현은 이전의 청동기시대에서 철기시대로의 전환을 의미했다. 청동기시대는 본격적인 문명단계를 의미하지만, 청동기는 주로 제사용과 무기용이었다. 우경이 철기시대인 춘추 말에 등장한 것은 본격적인 철제농기구의 사용을 뜻한다. 철제농기구의 등장은 도끼를 비롯한 새로운 생산수단의 출현을 의미할 뿐 아니라 숲을 제거하는데도 새로운 수단이 등장했다는 것을 의미한다. 우경의 등장으로 한층 빠른 속도로 농경지를 확보할 수 있었다. 농경지의 확보는 대부분 황무지나 늪의 개간, 그리고 숲의 제거를 통해 이루어졌다. 숲을 제거하지 않고서는 새로운 경작지를 확보할 수 없었기 때문이다. 더욱이 춘추전국시대에는 각국들이 경쟁적으로 부국강병에 힘썼으며, 부국강병의 기초는 군사력이었지만 군사력에서 가장 중요한 것은 식량이었다. 식량을 확보하기 위해서는 무엇보다도 농지를 확대해야만 했다. 우경은 농지를 확보하기 위해서 등장한 것이었다. 춘추전국시대는 앞 다투어 농지를 확보하기 위해 우경을 통해 이용했다. 그러나 우경의 확대는 단지 농경지의 확대를 의미함과 동시에 숲의 감소를 의미했다.

청동기시대에도 청동도끼가 없지 않았지만 우경과 더불어 철제농기구가 등장함에 따라 이전보다 훨씬 위력적인 생산수단이 갖추어졌던 것이다. 춘추시대에 등장한 중국의 철기시대는 숲을 제거하는 중요한 수단으로 자리 잡았다. 더욱이 춘추시대는 『관자(管子)』에서 보듯이 산림자원을 부국강병의 주요한 수단으로 인식하고 있었다. 관자의 지적대로 "집안 일이 잘되든지, 농기구를 잘 만들어 쓰는 일은 모두 산림자원에 의존하지 않을 수 없었기 때문이다."[12] 벌써 춘추시대 강대국 중 하나였던 제나라에서는 국가에서 나무를 상품으로 인식하고 있었다. 즉 "나무의 굵기가 한 주먹 이하면 섶나무로 쓰고, 한 아름 이상이면 집을 고치는 데 쓰고, 세 아름 이상이면 관곽으로 쓰라고 지시했으며, 섶나무는 가격이 얼마인지, 가옥용 목재는 가격이 얼마인지, 관곽의 목재는 가격이 얼마인지를 정했다.[13]" 심지어 산골짜기의 척박한 농토에 세금을 면제하는 대신 산림에서 얻은 산물에 대해 세금을 매겼다.

부국에 필요한 재원을 마련하기 위한 제나라의 이 같은 정책은 한편으로 자원의 체계적인 관리를 강조한 것이었다. 특히 관자는 「팔관(八觀)」에서 산과 못에 가서 뽕나무와 삼을 보고 육축(六畜:말 · 소 · 양 · 돼지 · 개 · 닭)의 생산을 계산하면 가난한 나라인지 부유한 나라인지를 알 수 있다고 보았다. 그 이유는 다음과 같다.

> 무릇 산과 못이 매우 넓으면 초목이 많기 쉽고, 땅이 비옥하면 뽕나무와 삼을 심기 쉽고, 갈대를 비롯한 풀이 많으면 육축이 번식하기 쉽다. 산과 못이 넓어도 초목의 남벌을 금하지 않고, 토지가 비옥해도 뽕나무와 삼을 심는 기술이 없고, 풀이 많아도 육축에 대한 세금을 부과하면 이는 재화의 문을 막는 것이다. 그러므로 계절에 따라 나오는 재물이 유통되지 않으면 금과 옥이 아무리 많아도 가난한 나라가 된다.

관자의 논리는 산림자원의 안정적인 확보를 통한 부국에 초점을 맞추고 있지만, 숲의 남벌 방지는 부국을 위한 수단이었다. 왜냐하면 산림자원을

12 김필수·고대혁·장승구·신창호 옮김, 『관자』, 소나무, 2006, p.866.

13 김필수 외, 앞의 책.

부국의 근원으로 파악한 관자는 자국의 산림자원만이 부족하면 다른 나라의 산림자원까지 활용할 것을 주장했기 때문이다. 관자는 환공이 "나라에 산과 바다의 자원이 없으면 왕업을 이룰 수 없습니까?"라고 묻자, 다음과 같이 대답했다.

> 다른 나라의 산과 바다의 자원을 이용하면 됩니다. 바다 가까이에 있는 나라, 즉 명(名)에게 소금을 우리에게 팔게 하여 1부에 50전을 주고 사서 100전에 팔면 됩니다. 우리는 직접 생산업에 종사하지 않고서도 남의 생산품을 팔아서 원가에 기준하여 그 이익을 취하는 것입니다. 이것이 남의 생산물을 이용하는 재정관리 방법입니다.[14]

관자의 주장은 자국의 산림을 관리하는 데는 효과적인 방법이었을지 몰라도 각국이 산림자원을 상품화하는 순간 나무의 남벌은 피할 수 없었다. 그러나 관자가 죽고 난 후 제나라 환공은 관자의 충고를 제대로 실천하지 않았다. 한비자는 제나라 환공이 무너진 근본적인 이유로 그가 관자의 충고를 듣지 않았다는 사실을 지적했다.[15] 관자는 적어도 산림자원이 부국에 중요한 비중을 차지하기 때문에 철저한 관리가 아주 중요하다는 것을 인식하고 있었지만, 환공을 비롯한 춘추시대의 군주들은 그런 인식조차 갖고 있지 않았다. 춘추시대보다 국가 간의 경쟁이 훨씬 치열했던 전국시대의 산림자원은 관리조차 이루어지지 않았다. 산림자원은 단순히 소비의 대상으로 전락했을 뿐이다.

서주에서 춘추전국시대의 산림훼손은 산지보다는 주로 평원에서 발생할 수밖에 없었다. 그 이유는 농지의 개간이 주로 평원에서 일어났기 때문이다. 구체적인 지역은 경수와 위수유역, 진남(晉南)의 분련(汾涑) 유역, 하남의 이락

14 김필수 외, 앞의 책. p.843.

15 한비 지음, 김원중 옮김, 『한비자』, 글항아리, 2012, p.113.

하(伊洛河) 하류, 태행산 남쪽 등이었다. 전국시대 각국에서 실시한 변법(變法)은 평원지역의 개간을 촉진했으며, 그 과정에서 평원의 숲은 대부분 사라졌다.[16] 전국시대 변법을 처음 실시한 나라는 위나라였다. 진(晉)나라의 분열로 등장한 위나라의 등장은 역사적으로 전국시대의 출발이었고, 위나라를 세운 위문후(魏文侯)는 전국시대 처음으로 이회(李悝)를 재상으로 삼아 강력한 개혁을 실시했다. 이 당시 실시한 개혁이 바로 변법이었다. 농업생산성 제고는 이회가 실시한 법전편찬, 농가경제 보호정책과 더불어 변법의 핵심이었다. 이회는 하동(河東)과 하내(河內)의 산림을 제거한 후 이 지역을 위나라의 양식 생산기지로 만들었다. 이 같은 사실은 『맹자』에서도 확인할 수 있다.

> 양혜왕(梁惠王)이 말했다. "과인은 나라를 위해 마음을 다하고 있습니다. 하내에서 흉년이 들면 그 백성을 하동으로 옮기고, 하동의 곡식을 하내로 옮기며, 하동에서 흉년이 들면 또한 그렇게 하고 있습니다. 이웃 나라의 정사를 살피건대 과인처럼 마음을 쓰는 자가 없는데도 이웃나라의 백성들이 적어지지 않으며, 과인의 백성이 늘어나지도 않는 것은 무엇 때문입니까?"[17]

양혜왕이 맹자에 대해 물었던 이 같은 내용은 양혜왕 시절에 위나라의 하동과 하내가 곡창지대였다는 것을 알려준다. 양혜왕은 위나라 후(侯)였던 영(瑩)이며, 지금의 개봉(開封)인 대량(大梁)에 도읍하여 스스로 왕이라 불렀다. 맹자가 위나라 양혜왕을 만나 얘기한 또 다른 글에서도 당시 산림훼손의 상황을 짐작할 수 있다.

---

16 史念海, 앞의 책, p.445.

17 『孟子·梁惠王章句上』.

> 농사철을 어기지 않게 하면 곡식을 모두 먹을 수 없으며, 촘촘한 그물을 웅덩이와 연못에 넣지 않으면 물고기와 자라를 모두 먹을 수 없으며, 도끼[斧][18]와 자귀[斤][19]를 때에 따라 산림에 들어가게 하면 재목을 모두 사용할 수 없습니다.[20]

맹자의 언급 중 도끼와 자귀를 때에 따라 사용하라는 것은 이미 위나라에서 산림의 남벌이 이루어지고 있었다는 사실을 의미한다. 그러나 위나라는 이러한 변법을 통해 좁은 영토에서도 전국 초에 강대국으로 부상할 수 있었다. 진나라는 통일하기 전 상앙(商鞅)의 2차례에 걸친 변법을 통해 전국시대의 강자로 부상할 수 있었다. 상아의 변법 중 핵심은 다른 나라에서 찾아볼 수 없는 토지개혁이었다. 경지면적을 극대화하기 위한 상앙의 토지개혁은 큰 성과를 거두어 진나라가 전국을 통일할 수 있는 기반으로 작용했다. 특히 토지개혁 중 핵가족에게 1호당 100무씩 제공하기 위해 마련한 신무제(新畝制)는 산림훼손에 적지 않은 영향을 주었다. 그러나 상앙의 변법은 무분별하게 산림을 훼손하지는 않았다. 상앙은 다음과 같이 산림의 관리 방법을 주장했다.

> 고대에 국가를 다스리고 토지를 이용하는 것은 다음과 같다. 산림이 열에 하나를 차지하며, 늪과 호수가 열에 하나를 차지하며, 계곡과 하천이 열에 하나를 차지하며, 성읍과 도로가 열에 하나를 차지하며, 황폐한 농지가 열에 둘을 차지하며, 비옥한 농지가 열에 넷을 차지한다. 이것이 선왕들의 올바른 규정이었다. 고대에 국가를 다스리며 농지를 분배하던 수치는 다음과 같다. 성년 남자 한 사람마다 소무(小畝) 500의 농지를 분배하고, 그곳에서 나오는 세금은 한 번의 전쟁을 치를 수 있지만, 이는 땅을 충분히 사용하지 않은 것이다. 사방 백리 지역에서

18 도끼는 날이 자루에 평행하게 박혀 있다.

19 자귀는 도끼와 비슷하게 생겼으나 날이 자루와 직각방향으로 박혀있다. 자귀는 도끼나 톱으로 잘라낸 원목을 가공하는 데 사용하는 연장이다. 주로 대목(大木:규모가 큰 건축일을 주로 하는 목수)들이나 배 만드는 선장(船匠)들이 사용한다.

20 『孟子·梁惠王章句上』.

> 전쟁에 나갈 병졸 1만 명을 징집하는 것도 수효가 작은 것이다. 이럴 경우 농지는 그 땅의 백성을 막이기에 충분하고, 성읍과 도로는 그 백성들을 충분히 머물러 살게할 수 있으며, 산림과 늪과 호수와 계곡은 충분히 자원을 공급할 수 있으며, 늪과 호수의 제방은 충분히 수생자원을 축적할 수 있다. 그러므로 군대가 출정할 때 식량은 넉넉하고 물자는 남으며, 군대가 쉴 때 백성들이 일을 하고 비축해서 항상 풍족했다. 이것이 이른바 토지를 이용해서 전쟁에 대비하는 규율이다.[21]

상앙의 산림관리법은 산림자원이 무한하지 않고 유한하다는 것을 전제한 탁월한 식견이었지만, 상앙이 죽고 난 후 진나라는 무분별하게 산림을 훼손하면서 농경지를 확대했다.

〈그림 5〉 서주 · 춘추 · 전국시대 황하중류의 삼림분포도

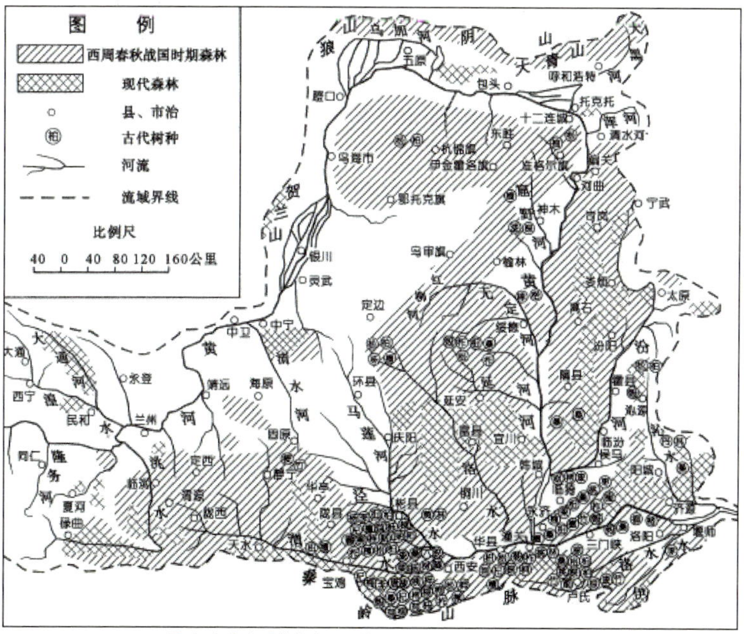

출처: 史念海, 『黃土高原』, 黃河水利出版社, 2002, p.449.

---

21 상앙 지음, 우재호 옮김, 『상군서』, 소명출판, 2005, pp.149-151.

2 —— 진 · 한제국시대의 산림

전국시대를 통일한 진나라는 중국 최초의 통일제국이었다. 통일제국의 등장은 삼림훼손과 어떤 관계가 있을까. 제국의 시대는 이전 시대와는 전혀 다른 당면과제를 안고 있었다. 그것은 전국에 황제의 권력을 증명함과 동시에 황제가 지배하는 중국을 지키는 일이었다. 전국시대의 최고 통치자는 작은 규모 내에서 권력과 영토를 유지하는 데 만족할 수 있었지만. 통일제국은 규모면에서 이전시대와 비교할 수 없을 만큼 방대한 영토를 유지해야만 했다. 황제의 권력과 제국의 영토를 유지하기 위해서는 무엇보다도 국가의 근간인 통치조직과 시설, 그리고 방어체제가 필요했다. 그래서 진시황제는 국가 운영에 절대적으로 필요한 법률을 정비한 후 엄격하게 집행했다. 중국 호북성(湖北省) 운몽현(雲夢縣) 수호지(睡虎地)에서 발견된 '운몽진간(雲夢秦簡)'은 진나라에 얼마나 정교한 법률체계를 갖춘 나라였는지를 증명하고 있다.

통일제국은 행정과 군사에 필요한 각종 시설이 절실하다. 그 중에서도 황제의 권력을 집행할 수 있는 도로건설과 숙박시설은 가장 기본적인 것이고, 진나라의 수도 섬서성 함양에서 파견한 관리들의 근무처와 숙박시설 건설도 시급한 과제였다. 특히 진황제의 무덤과 부속 건물인 병마용갱, 그리고 만리장성은 통일제국 진나라를 상징하는 건축물이다. 진시황제의 무덤은 아직 발굴하지 않아 그 내용을 알 수 없지만, 어느 농부가 우물을 파다가 처음 발견한 병마용갱은 현재 그 규모를 짐작할 수 있다. 대부분의 연구자들은 병마용갱의 규모와 용갱의 병사에 관심을 갖지만, 나는 용갱 건설 과정에서 사용한 목재에 관심을 갖는다. 진시황제의 무덤과 용갱을 만들기 위해서는 반드시 해당 장소의 나무를 베야한다. 용갱의 발굴 과정에서도 당시 사용한 엄청난 크기의 나무가 나왔다. 병사들은 모두 흙을 구워서 만들었다. 흙을 굽기 위해서는 엄청난 양의 나무가 필요했다. 만리장성을 쌓는 과정에서도 많은 나무들이 사용되었다.

〈사진 57〉 병마용갱 앞 소나무

〈사진 58〉 병마용갱의 나무 기둥 흔적

진시황제는 함양에 자신이 거처할 많은 궁궐을 지었다. 중국의 궁궐은 대부분 목재로 만들었다. 진나라 때 만든 궁궐 중에서도 가장 큰 것은 아방궁이었다. 진나라에는 아방궁 외에도 부양궁, 역양궁, 서수궁, 평양봉궁, 탁천궁, 보고궁, 보수궁, 괵궁, 장양궁, 기년궁, 양산궁, 신궁, 조궁, 난지궁, 종궁, 망이궁, 임광궁 등이 있었다.[22] 이처럼 수많은 궁궐을 만들기 위해서는 셀 수 없을 만큼의 나무가 필요했다. 아방궁의 규모만으로도 나무가 얼마나 많이 필요했는지를 짐작할 수 있다. 아방궁의 규모에 대해서는 『사기(史記)·진시황본기(秦始皇本紀)』에서 확인할 수 있다.

---

22 김종원·강판권, 「마을숲과 참살이」, 계명대학교출판부, 2007, p.33.

> 진나라는 제후를 평정할 때마다 그 궁궐을 모방하여 함양 북쪽 기슭에 지었다. 주위의 전각이 연이어 있었다. 이에 위수 남쪽 상림원(上林苑)에 궁궐을 지었다. 먼저 아방에 건축한 전전(前殿)은 동서너비 5,000보(步)에 남북 길이 50장(丈)이었다. 위로는 1만 명이 앉을 수 있으며, 아래쪽에는 5장 높이의 깃발을 꽂을 수 있었다. 사방으로 구름다리를 만들어 궁전 아래에서 남산(南山)까지 통하게 했으며, 남산 봉우리에 궐루를 세워 표지로 삼았다. … 함양 부근 200리 안의 궁궐 270곳을 구름다리와 용도(甬道)로 연결시켰다.

아방궁의 규모는 말할 것도 없지만, 궁전아래에서 남산까지 통하도록 구름다리를 만든 것도 상상을 뛰어 넘는다. 남산은 보통 한중(漢中), 흥안(興安), 효의(孝義), 영섬(寧陝) 등을 일컫는다. 남산지역은 청대까지도 울창한 숲이었다. 그래서 속칭 '남산노림(南山老林)'이라 불렀다.[23] 남산의 울창한 숲은 청 중기까지 보존될 만큼 중국을 상징하는 숲이었다. 그러나 청 중기 이후 인구 증가 및 백련교의 난을 거치면서 점차 훼손되기 시작했다.[24] 아방궁의 화려함과 아방궁 건설 과정에서 사용한 물자의 규모는 당나라 시인 두목(杜牧, 803-852)의 『아방궁부(阿房宮賦)』에서 확인할 수 있다.[25]

> 전국의 육국이 망해 / 六王畢
> 천하가 하나로 통일되었네 / 四海一
> 촉산의 나무 잘려 민둥산으로 변해 / 蜀山兀
> 아방궁이 출현했네 / 阿房出
> 아방궁은 삼백리 땅을 뒤덮었고 / 覆壓三百餘里
> 하늘의 해를 격리시켰네 / 隔離天日
> 여산 북쪽에 축조되어 서쪽으로 꺾여 / 驪山北構而西折
> 곧장 수도 함양에 이르렀네 / 直走咸陽

---

23 趙永翔, 「南山老林:淸代秦嶺南麓林區治理與生態環境」, 『中國農史』, 2015.3, p.102.
24 趙永翔, 앞의 논문, pp.109-112.
25 杜牧, 『樊川文集』, 上海古籍出版社, 1978, 第一, p.1.

두 강 줄기가 유유히 / 二川溶溶
궁 담 안으로 흘러들었네 / 流入宫墻
오보마다 하나의 누각이요 / 五步一樓
십 보마다 하나의 각이 있네 / 十步一閣
복도는 빙 돌아 이어져 있고 / 廊腰縵廻
처마 끝은 새가 높은 곳을 쫓는 모양이네 / 簷牙高啄
건물은 각기 지세에 따라 구성했으며 / 各抱地勢
지붕은 갈고리가 이어지고 뿔이 서로 다투는 듯 하네 / 鉤心鬪角
건물은 구불구불하고 / 盤盤焉
이리저리 둘러져서 / 囷囷焉
벌집과도 같고 소용돌이와 같아서 / 蜂房水渦
우뚝 솟은 추녀에서 떨어지는 물줄기가 몇 천만 가닥인지 모르겠네 / 矗不知其幾千萬落
(하략)

아방궁은 두목의 시에서 보듯이 중국사에서 늘 사치의 상징으로 등장한다. 우리나라 조선시대의 실록이나 문집에서도 아방궁은 늘 사치의 상징으로 등장한다. 그러나 아방궁은 항우(項羽)가 불태워버렸기 때문에 실체를 알 수 없다. 따라서 두목의 『아방궁부』를 비롯해서 고려 공민왕의 《아방궁도(阿房宮圖)》, 남송 이숭(李崇)의 《아방궁도(阿房宮圖)》, 남송 조백구(趙伯駒)의 《아방궁도(阿房宮圖)》, 명대 구영(仇英)의 《아방궁도(阿房宮圖)》(手卷) 등의 그림도 상상도에 불과하다. 그러나 아방궁과 관련해서 중요한 사실은 진시황제의 등장으로 중국이 제국의 시대로 접어들면서 산림훼손이 급속하게 진행되었다는 점이다. 다만 황가(皇家) 전용의 원림이었던 상림(上林)은 예외였다.

한제국시대의 궁궐 건설은 진나라와 크게 다르지 않았다. 한나라에서도 장락궁, 미앙궁, 건장궁, 북궁, 감천궁 등 수 많은 궁궐을 세웠다. 이 과정에서 나무를 어느 정도 사용했는지를 알 수 있는 자료는 없지만, 건물 규모만으로도 나무의 사용 정도를 충분히 짐작할 수 있다. 예컨대 미앙궁의 둘레가 28리, 전전(前殿)의 길이가 56장, 깊이가 15장, 높이가 35장에 이르렀다.[26] 한

26 何淸谷, 『三輔黃圖校釋』, 中華書局, 2005, p.114.

나라 때 도끼와 삽질 소리가 1년 내내 계속되었다는 기록[27]도 이 시대 산림훼손의 중요한 증거이다.

한나라의 산림훼손은 궁궐의 건설만이 아니라 황제지배체제의 경제기반을 구축하는 과정에서도 발생했다. 한나라의 황제는 토지 및 부세제도를 통해서 경제기반을 마련했을 뿐 아니라 화폐유통을 통해서도 경제기반을 마련했다. 특히 화폐유통은 농업생산만이 아니라 비경작지인 산림 등지에서 나오는 소금과 철, 즉 염철(鹽鐵) 등 여러 생산과 상업소득 전체를 의미한다. 황제는 화폐의 유통을 활성화하여 세금정책을 입안, 실행하고, 관료들에게 지급할 각종 지출을 확보함으로써 통치를 원활하게 했다. 특히 황제가 관료와 백성들에게 선물한 항목에는 동전 등 화폐가 큰 비중을 차지했다. 한나라 무제가 염철을 전매하거나 화폐 주조권을 국가가 장악한 것도 황제의 권력을 강화하는데 큰 역할을 담당했다.[28] 그런데 화폐경제의 발달은 산림훼손과 비례한다. 화폐를 주조하기 위해서는 나무를 이용하지 않을 수 없기 때문이다. 더욱이 그간 공동체 소유였던 산림지역을 황제가 개인소유로 전환하면서 산림지역의 철 생산과 동전 주조 과정에서 산림훼손이 심하게 진행되었다.

진한제국의 산림훼손은 500년 이상 지속된 춘추전국시대의 산림훼손과 비교하면 훨씬 심했다. 춘추전국시대만 해도 소국 중심이었기 때문에 광범위하면서도 지속적인 산림훼손은 일어나지 않았다. 그러나 진한제국시대는 막강한 황제권력 아래 진행된 전국의 동시다발성 토목사업은 특정 지역의 심각한 산림훼손을 피할 수 없었다. 그래서 주나라시대와 이전 시대 황토고원의 목가적인 분위기는 점차 사라졌다.

> (상략)
> 봄날은 길고 / 春日遲遲
> 초목은 무성하며 / 卉木萋萋

27 何淸谷, 앞의 책, p.51.

28 서울大學校東洋史學硏究室 編, 『講座中國史Ⅰ』, 지식산업사, 1989, pp.233-245.

꾀꼬리는 빽빽거리며 소리 지르고 / 倉庚喈喈
쑥을 수북이 뜯을 때이네 / 采蘩祁祁
많은 적을 베고 사로잡은 뒤 / 執訊獲醜
얼른 돌아왔네 / 薄言還歸
혁혁산 남중께서 / 赫赫南仲
험윤 오랑캐를 평정했네 / 玁狁于夷[29]

『시경』 시대 황토고원의 산림이 결코 온전한 상태는 아니었다. 이 같은 사례는 『시경·소아(小雅)·벌목(伐木)』에서 확인할 수 있다.

나무 베는 소리 쩡쩡 울리고 / 伐木丁丁
새들은 빽빽 소리 지르네 / 鳥鳴嚶嚶
깊은 산골짜기에서 나와 / 出自幽谷
키 큰 나무에 옮겨가네 / 遷于喬木
(하략)
나무 베는 소리 탕탕 울리고 / 伐木許許
맛좋은 술을 빚고 / 釃酒有藇
살찐 양이 있다네 / 既有肥羜
친척 어른 급히 초청해도 / 以速諸父
오히려 때 맞춰 오지 않았네 / 寧適不來
(하략)
산비탈에서 나무를 베고 / 伐木于阪
술 빚으니 맛이 좋네 / 釃酒有衍
가지런히 음식 차려놓고 / 籩豆有踐
형제는 멀리 살지 않네 / 兄弟無遠
사람들이 덕을 잃는 것은 / 民之失德
음식 대접이 소홀했기 때문이네 / 乾餱以愆
(하략)

29 『詩經·小雅·出車』.

『시경』 단계에서도 나무는 여지없이 잘려나갔다. 『시경』 단계인 주나라 시대에도 산림훼손은 결코 피할 수 없었기 때문이다. 다만 춘추전국이나 진한 제국시대에 비해 정도가 심하지 않았을 뿐이다.

〈그림 6〉 진 · 한시기 황토고원의 농림목축 분포도

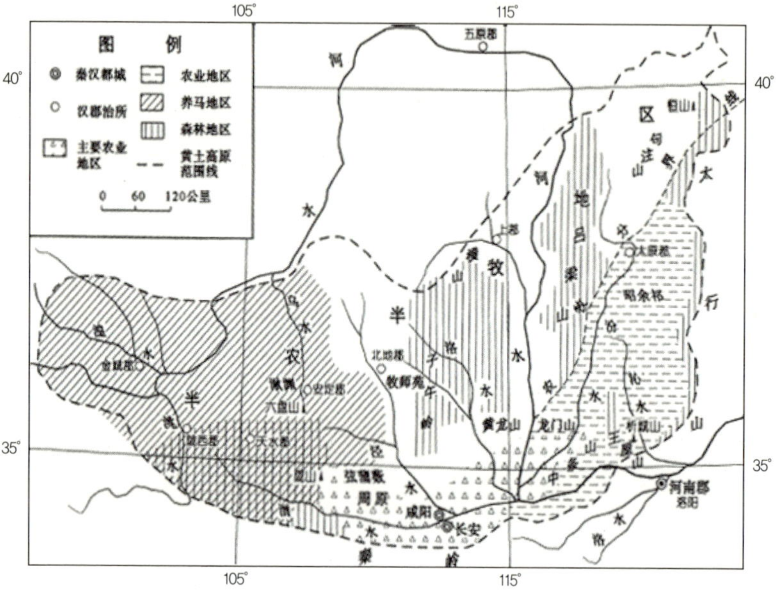

출처: 史念海, 『黃土高原』, 黃河水利出版社, 2002, p.391.

전국시대 후기부터 진한시기까지 황토고원의 유목지구는 농업지구로 바뀌기 시작했다. 그 원인 중 하나는 황토고원으로의 이주였다. 특히 한나라 무제는 황토고원에 70만 명을 이주시켰다. 그러나 황토고원 전역이 농업지역으로 갑자기 바뀐 것은 결코 아니었다. 농동(隴東)과 섬북(陝北) 지역은 여전히 목축업이 성행했다. 특히 이 지역의 말은 당시에 가장 유명했다. 서한 정부는 이곳에 적지 않은 양마원(養馬苑)을 가지고 있었다. 아울러 목축지역에는 풍부한 산림도 분포하고 있었다.[30]

30 史念海, 앞의 책, p.390.

3 —— 수 · 당제국시대의 산림

수·당제국은 진·한제국에 이은 두 번째의 제국시대이다. 수·당제국은 진·한제국이 전국시대의 통일로 등장했듯이, 위진남북조시대의 긴 분열의 시대를 마감하면서 등장했다. 그런데 전국시대를 통일한 중국 최초의 제국이었던 진나라가 15년 만에 멸망했듯이, 수나라도 37년 만에 멸망했다. 수나라도 진나라처럼 통일제국을 유지하는 과정에서 쓰러졌다. 수나라가 급속하게 멸망한 이유 중에는 진나라처럼 동시다발의 토목공사를 꼽지 않을 수 없다.

장안을 수도로 삼은 수나라 문제(文帝)는 1년 만에 장안 남동쪽에 대흥성(大興城)을 세웠다. 아울러 대흥성에서 황하에 이르는 운하를 만들어 광통거(廣通渠)라 불렀다. 광통거를 만든 것은 위수에 모래가 많아 배가 다니기에 불편했기 때문이었다. 수나라 문제 뒤를 이은 양제는 수도 장안이 서쪽에 치우쳐 낙양에 동도(東都)를 건설했다. 그는 우선 부자 수만 가구를 낙양으로 이주시키고, 달마다 200만 명을 동원하여 동도를 건설했다. 낙양의 서쪽 교외에는 이궁(離宮)인 현인궁(顯仁宮)을 짓고 천하의 진귀한 나무와 짐승을 수집했다. 이 때문에 강남에서 큰 나무를 운반하는 행렬이 1천리에 미쳤으며, 고역 때문에 쓰러지는 자가 속출했다. 양제는 즉위 다음 해(605)에 낙양의 서쪽 교외에 황하를 이었다. 또 황하에서 판저를 거쳐 회수에 이르는 통제거(通濟渠)를 만들고, 587년 문제시기에 보수한 회수와 양자강을 잇는 산양독(山陽瀆)의 폭을 넓혀 장안에서 양자강에 이르는 운하를 개통시켰다. 이어 608년에는 황하 동북변에 위치한 탁군(涿郡), 즉 북경에 이르는 영제거(永濟渠)를 건설했다. 이는 수나라가 고구려와의 전쟁에 대비한 것이었다. 610년에는 강소성 경구(京口)에서 여항(餘杭), 즉 지금의 항주에 이르는 강남하(江南河)를 열었다. 이로써 수나라는 서쪽으로는 서안, 북쪽으로는 북경, 남쪽으로는 항주에 이르는 운하체제를 완성했다.[31]

---

31 신성곤·윤혜영, 『한국인을 위한 중국사』, 서해문집, 2004, pp.156-157.

수나라가 짧은 기간 동안 시행한 이 같은 대규모 토목사업은 제국을 완성하는 데 반드시 필요한 것이었지만, 생태계를 크게 파괴했다. 이 같은 상황은 당제국까지 이어졌다. 당나라의 철학자이자 문장가였던 유종원(柳宗元, 773-819)은 당나라 시대 혹은 이전 시대의 산림훼손에 대한 중요한 정보를 제공한 사람이다.

「행로난(行路難)」[기이(其二)][32]

우형(虞衡)은 도끼로 천산(千山)을 물색하며
관명(官命)에 따라 말뚝과 서까래 감 벌채하네.
깊은 숲에서 땅에 베어놓고 열에서 하나를 취해
백 마리 소기 멍에를 이으니 양 끌채 부러진다.
만 아름 천 길에 달하는 나무가 길을 방해하니
동서로 넘어진 채 산불에 불탄다.
남은 것은 터럭하나도 보호받지 못하니
짓밟힌 산골짜기에 무엇이 남아 있겠는가?
많은 재목들은 성장하기도 전에 형체가 요절하여
빈 바위와 산봉우리만 우뚝 솟아 있다.
백량대(柏梁臺)에 천재(天災)나고 무고(武庫)가 불타자
목장(木匠)과 석공(石工)들 이리처럼 뒤돌아보며 슬퍼하고 억울해한다.
그대여! 보지 못했는가?
남산의 동량(棟梁)이 갈수록 작아지는 것을.
재목 아끼고 길러내자고 누가 다시 거론할 것인가!

수·당제국시기는 황토고원의 목축지역이 농업지역으로 바뀐 두 번째 중요한 단계였다. 북조를 계승한 수나라는 황토고원에 여전히 목축을 허용했지만 목축지역은 전체 지역에서 큰 비중을 차지하지 못했다. 당대의 황토고원에는 말을 키웠다. 특히 위하 상류와 육반산 지역에서 말을 키웠다. 나중에는 경하(涇河) 중류, 그리고 점차 산서의 노아(蘆芽)산과 운중산(雲中山)에서 말

32 유종원 지음, 오수형·이석형·홍승직 옮김, 『유종원집4』, 소명출판, 2009, pp.209-210.

을 키웠다. 황토고원 중 주요 유목지역은 지금의 섬서성(陝西省), 영하성(寧夏省), 그리고 내몽고 이극소맹(伊克昭盟, 이커짜오멍) 서남부였다. 당왕조까지 위수 중하류에서도 일정한 정도의 숲이 존재했다. 그러나 수당시기의 황토고원은 일부 유목지역을 제외하면 대부분 농업지역으로 바뀌었다. 이러한 사실은 당나라의 지방통치 조직인 주(州)가 황토고원에 30여 곳이나 설치된 것만 봐도 충분히 짐작할 수 있다.[33] 유목지역의 농업지역으로의 전환은 당연히 산림훼손으로 이어졌다. 그러나 중국 전역이 산림이 훼손된 것은 아니었다. 당대까지 만해도 여전히 개간지역이 제한되어 있었고, 인구가 수용 한계를 넘어설 만큼 많지 않았기 때문이다.

〈그림 7〉 수 · 당시기 황토고원의 농림목 분포도

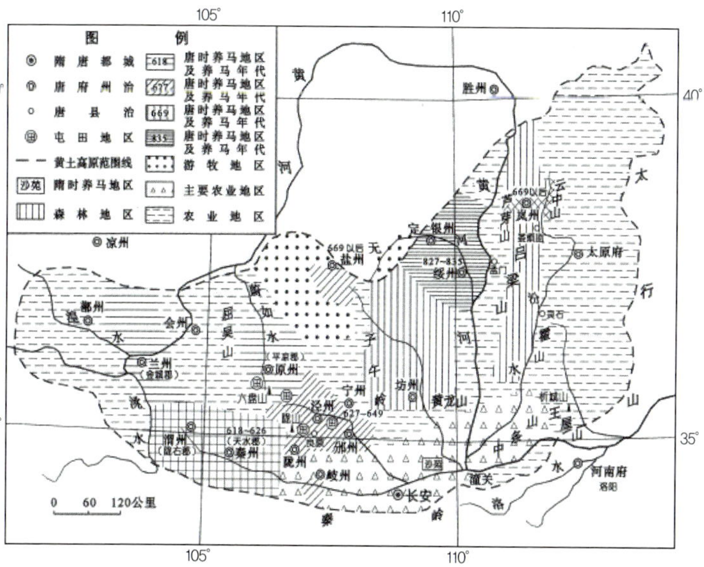

출처: 史念海, 『黃土高原』, 黃河水利出版社, 2002, p.394.

33 史念海, 앞의 책, pp.392-393.

〈그림 8〉 당 · 송시기 황하중류의 삼림분포도

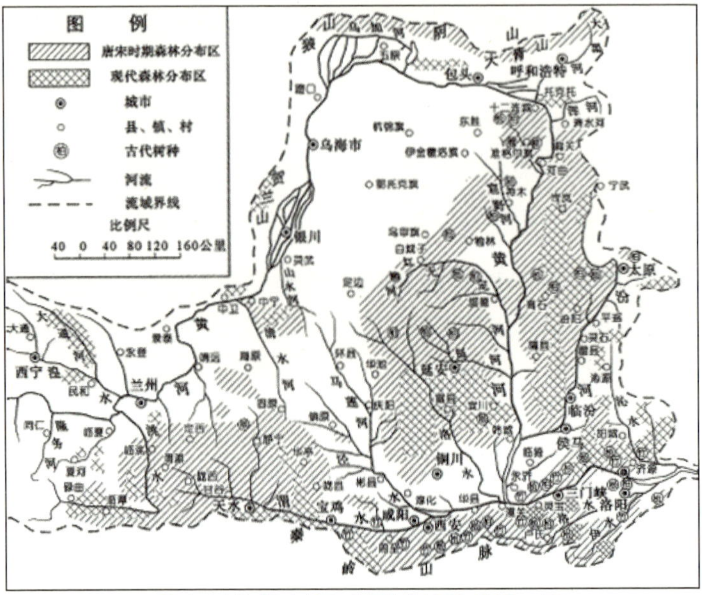

출처: 史念海, 『黃土高原』, 黃河水利出版社, 2002, p.479.

4 —— 명 · 청제국시대의 산림

명·청시기는 중국의 산림역사에서 매우 중요하다. 이 시기는 중국의 이전 왕조와는 전혀 다른 국면을 맞이했기 때문이다. 따라서 명청시기는 중국의 산림이 분수령을 맞이했다는 점에서 특별히 주목할 필요가 있다. 명청시기의 산림 변화와 관련해서 우선 관심을 가져야 할 부분은 이 시기의 사회경제적인 변화이다. 그 중에서도 명청시기의 인구증가에 특별히 주목할 필요가 있다.

중국의 인구는 현재 세계에서 가장 많다. 그러나 현재 중국의 14억 인구는 아주 최근의 현상이다. 중국의 인구가 폭발적으로 증가한 시기는 청대 중후

반기였다. 그래서 중국의 인구는 북송시대에 이르러서야 1억을 돌파했을 뿐이다. 물론 전통시대의 인구통계는 절대적으로 믿을 만한 수준은 아니지만, 현재로서는 세금징수를 기준으로 작성한 정부의 통계를 신뢰하지 않고서는 달리 방법이 없다. 청초까지만 해도 중국의 인구는 2억을 넘지 못했다. 그러니 10세기 중엽 북송시대의 1억 인구가 17세기 중엽 청초까지 고작 1억 증가하는데 그친 셈이다. 그러나 중국의 인구는 18세기 중엽 즉 1770년경에 3억을 돌파하고, 19세기 중엽 즉 1850년경에는 4억 3천 만명을 돌파했다. 중국의 인구는 약 1세기 만에 1억 3천 만 명이 증가했다. 이시기의 인구 증가는 10세기 중엽에서 17세기 중엽까지 약 7세기 동안에 증가한 1억과 비교하면 실로 엄청난 증가세이다. 그런데 중국의 인구는 1949년 중화인민공화국, 즉 지금의 중국이 성립할 때까지만 해도 5억 4천명에 불과했다. 현재 중국의 인구가 14억이라고 추정하면 66년 만에 중국의 인구는 8억 6천 만 명이 증가했다.

인구 증가는 다양한 요소가 작용한다. 그 중에서 중요한 요소는 인구를 먹여 살릴 수 있는 식량문제이다. 인간은 먹는 문제를 해결할 수 있다면 자식을 많이 낳는다. 특히 전통시대에는 인구가 종족 번식과 더불어 노동력의 중요 원천이었기 때문이다. 먹는 문제는 곧 식량증산이 전제되어야 한다. 식량증산에는 생산수단의 발달과 종자개량이 필수이다. 중국이 농업 생산력을 본격적으로 높인 시기는 당 중기이후였다. 당 중기이후에는 밭농사 중심의 화북에서 논농사 중심의 강남이 중국 농업의 핵심 지역으로 바뀌기 시작했다. 이러한 변화는 논농사에 필요한 수리시설의 발달과 물 관리에 필요한 생산수단의 발달에 힘입었다. 아울러 점성도를 비롯한 벼 품종의 개량도 식량증산에 큰 도움을 주었다. 이에 따라 당 중기이후에는 경지면적의 확대와 더불어 기존보다 단위면적당 수확량이 훨씬 높아졌다. 당·송교체기에는 이러한 변화가 강남은 물론 다른 지역까지 확대되었다.

명말·청초는 당송교체기에 이어 식량증산에 큰 획을 그었다. 특히 이 시기에는 옥수수와 감자, 그리고 고구마 등 신대륙의 작물까지 도입되면서 큰 변화를 맞았다. 특히 이 시기에는 강남을 넘어 양자강 중류까지 본격적인 개간과 더불어 농경지가 엄청난 속도로 증가했다. 곡창지대가 아니었던 사천까지도 청초에 황무지 개간 등으로 경지면적이 크게 늘어났다. 아울러 집약적 농업은 단위면적당 수확량을 크게 증가시켰다. 벼 품종 개량도 단위면적당 수확량 증가에 한 몫 했다. 청대에는 벼의 경우 성숙도에 따라 50일벼, 60일벼, 80일벼, 100일벼, 120일 등 다양한 벼 품종이 등장했으며, 청초의 '어도(御稻)' 개발에서 보듯이 1년에 2차례 벼 수확하는 이기작(二期作), 1년 2모작, 2년 3모작 등이 등장했다.[34]

농업의 발달은 자연스럽게 인구증가를 부추겼다. 아울러 인구가 증가하면 다시 농지의 개간이 필요했다. 명나라는 진·한과 수·당제국보다 지배 영토는 좁았지만, 농지 개간의 규모는 컸다. 명대의 개간 방식은 대부분 둔전(屯田)의 개발이었다. 둔전은 중국 한나라 때 처음 실시했다. 둔전의 설치 목적은 일차적으로 유통이 불편한 변경이나 군사요충지에 설치해서 군량을 확보하는 데 있었다. 그러나 둔전에는 군인들만 투입된 것이 아니라 민간인도 동원되었다. 둔전설치에서 얻은 식량은 현지에서만 소비한 것이 아니라 다른 지역으로 유통되었다. 이 과정에서 중요한 역할을 담당한 자들이 염상(鹽商)이었다. 염상은 소금 판매를 통해 이익을 얻었을 뿐 아니라 식량 판매를 통해서도 큰 이익을 얻을 수 있었다.

명대 황토고원에는 연수(延綏:楡林)·대동(大同)·태원(太原)·고원(高原)·영하(寧夏) 등 다섯 곳에 변진(邊鎭)을 설치해서 군과 민과 염상이 함께 개간에 참여했다. 명 정부는 변진에 관리를 파견하여 개간을 감독했다. 이 과정에서 목축지는 물론 산림지역도 개간의 대상이었다. 황토고원의 개간사업은 청대까지 이어졌다. 특히 명대의 경우 성화연간(1465-1487) 이래 수도의 풍속이 사치로 바뀌어 관민가들이 앞다투어 집을 지으면서 목재의 가치가 한층 올랐다. 그래서 대동과 선부(宣府)의 장사꾼들과 관부 사람들이 나무를 베어 판매했으며, 심지어 군민을 동원했다. 이러한 현상은 산서 북부 외에도 편두(偏頭), 안문(雁門), 영무(寧武) 등지의 산림도 명 중엽 이후 점차 남벌되었다. 명대에는 봉산(封

34 오금성 외 지음, 『명청시대사회경제사』, 이산, 2007, pp.183-189.

山)에 대한 금벌 규정이 없었던 것도 산림 남벌의 한 원인이었다.[35]

명대의 둔전 개발도 산림 훼손의 주요 요인 중 하나였다. 명대 후반의 농토 중 비옥한 땅은 대부분 둔전으로 이루어진 것이었다. 그러나 시간이 지나면서 둔전은 모래땅으로 바뀌기 시작했으며, 황하 중류 각 지류는 모래와 진흙이 증가하기 시작했다. 산서성의 중심부인 대동 지역도 둔전으로 모래땅으로 바뀌기 시작했다. 둔전 개발로 사막화는 빠른 속도로 진행되었다. 섬서성 북부의 둔전개발로 인한 사막화는 산서성보다 심했다. 유림 지역은 황사로 끝이 보이지 않을 정도였다. 이 지역에는 한 마디의 풀도 자라지 않았다. 농경지와 목축지는 고작 2/10에 불과했다. 명말에는 이러한 현상이 한층 심했다. 감숙성의 둔전은 난주(蘭州)와 황수(湟水)유역 황토지구였다. 이 지역은 고온다습한 이곳은 옛날에는 천천(天泉)이라는 명성을 얻었지만 명대 말에는 사막으로 바뀌었다.[36]

『명사식화지(明史食貨志)』에서도 산림의 현황을 일부 확인할 수 있다. 명대는 영락제 때 수도를 남경에서 북경으로 옮긴 후 자금성을 비롯한 궁궐 건축으로 엄청난 나무가 필요했다. 1406년(영락4) 영락제는 공부상서(工部尙書) 송례(宋禮)를 사천에, 시랑(侍郎) 고박(古朴)을 강서에, 사규(師逵)와 금순(金純)을 호광에, 부도어사(副都御使) 유관(劉觀)을 절강에, 첨도어사(僉都御使) 사중성(史仲成)을 산서에 파견했다. 산서의 경우 오대산에서 나무를 구했다.[37] 오대산의 나무는 이미 금나라 때 사찰건립으로 남벌되기 시작했다. 금나라는 남경의 사찰 건립을 위해서 오대산의 나무를 베어갔으며, 선서의 사찰을 건립하는데도 사용했다. 1159년 산서성 능천현(陵川縣) 고현사(古賢寺)의 미륵전 건립에 많은 목재가 필요했다.[38]

황토고원의 핵심 산림지대였던 '남산노림'은 청대 이르러 심각한 상황을 맞았다. 1786년(건륭51) 섬서성 흥안부(興安府) 지부(知府) 섭세탁(葉世倬)의 보고

35 李心純,『黃河流域與綠色文明-明代山西河北的農業生態環境』, 人民出版社. 1999, pp.71-73.

36 梁四寶,『明清北方資源環境變遷與經濟發展』, 高等教育出版社, 2010, pp.207-208.

37 박원호 외,『명사식화지역주』, 소명출판, 2008, p.419.

38 周峰,「金代植樹考述」,『農業考古』, 2015-4, pp.218-219.

에 따르면 남산 자락에는 고리버들, 소나무, 측백나무 등이 하늘을 덮을 만큼 빽빽했다. 그러나 섭세탁은 22년이 지난 1808년(가경13) 이곳의 상황을 전혀 다르게 보고하고 있다. 즉 관중과 흥안 지역의 땅은 모두 개간되었으며, 나무는 모두 베어버렸다. 한나라 유후(留侯) 장량(張良)의 사당이 있던 진령(秦嶺) 남쪽 기슭 자백산(紫柏山)도 처참하게 벌목되었다. 특히 자백산은 장량의 사당이 있었기 때문에 대대로 정부에서 관리하는 '관산(官山)'이었다. 정부에서 엄격하게 관리하던 관산조차 남벌을 막지 못했던 것이다. 1829년(도광9) 섬서 한중부(漢中府) 성고현(城固縣)의 관원이었던 유봉진(俞逢辰)이 이곳을 지나면서, "장량의 사당의 산과 언덕을 바라보니 나이 많은 측백나무가 하늘을 덮어 다른 나무들이 들어갈 틈조차 없으니 역시 자백산의 명성과 장량의 명성이 거짓이 아니라는 것을 알겠구나"라고 했다. 당시 측백나무의 나이는 천년 이상이었다. 그러나 10년 뒤에는 이곳의 측백나무는 모두 사라졌다. 유봉진은 한중(漢中) 지부시절 이곳의 나무를 보호하는 「금벌자백산수목시(禁伐紫柏山樹木示)」를 반포했지만 소용이 없었다.[39]

섬서 각 지역의 산림 훼손은 건륭이후에 본격적으로 이루어진 청조의 이민정책과 밀접한 관계가 있었다. 한중부 서향(西鄕)의 경우 성과 가까운 서남 이로(二路)지역을 제외한 나머지 높은 산과 골짜기에는 유민들이 모여들어 띠를 베어 집을 짓고 개간한 후 파종했다. 유민들은 개간한 땅에 연맥(燕麥:귀리) 등을 심어 생계를 유지했다. 아울러 정원청(定遠廳)은 청 전기까지만 해도 노림 산림의 핵심이었지만, 가경연간에는 이곳까지 개간이 이루어졌다. 한중부 중에서 유민이 가장 많은 곳은 봉현(鳳縣)이었다. 이곳은 유민이 토착민보다 많았다. 이곳에 들어온 유민은 대부분 사천과 호북의 백수 유민이었다. 첩첩산중지역인 한중부 영강주(寧羌州)조차도 개간하지 않은 곳이 없을 정도였다. 자원이 풍부했던 흥안부 한음청(漢陰廳)도 벌목과 개간으로 남북 양산의 노림이 거의 사라졌다. 심지어 진령의 깊은 산골에 위치한 영섬청(寧陝廳)의 수 백리

39 趙永翔, 앞의 논문, p.109.

고목(古木)이 있었으나, 불과 수 십 년 만에 개간과 벌목으로 거의 사라졌다.[40]

〈그림 9〉 명 · 청시기 황토고원의 농림목 분포도

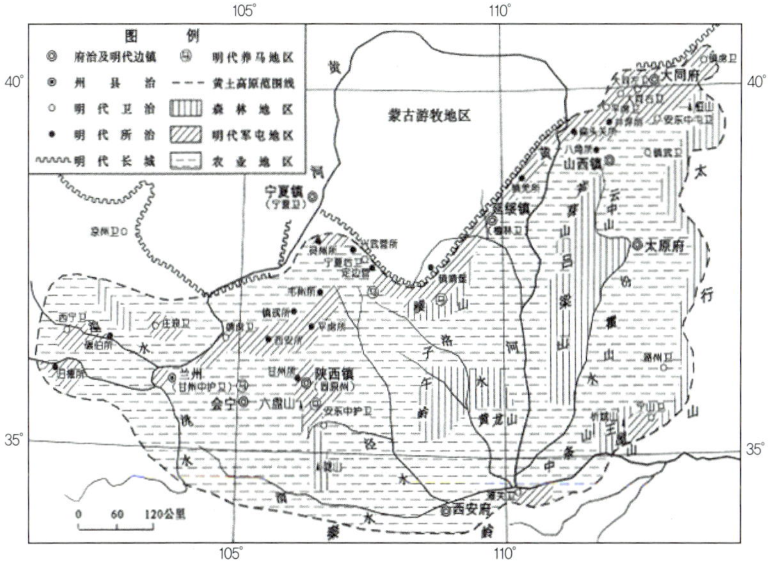

출처: 史念海, 『黃土高原』, 黃河水利出版社, 2002, p.396.

둔전과 사막화는 결국 산림 훼손으로 발생한 것이다. 일반적으로 1헥타르(ha)의 숲은 20만 킬로그램의 물을 축적한다. 1만 헥타르의 숲이 축적한 물은 300만 입방미터(㎥)의 물 창고를 의미한다. 아울러 1헥타르의 방풍림은 100헥타르의 농토와 바람과 모래의 피해를 막는다. 나무의 뿌리는 토양의 유실을 막아줄 뿐 아니라 토양을 비옥하게 만든다. 따라서 청대 산서성과 섬서성의 대규모 산림 훼손은 가뭄과 홍수를 낳아 바람과 모래 등 재해를 빈번하게 발생시켰다. 산서성의 중심부 태원의 분하(汾河) 지류는 물이 풍부했지만 홍수에도 물이 넘치지 않았고, 가뭄에도 물이 마르지 않았던 곳이었다. 태원부의 기현(祁縣)의 산에는 나무들이 울창한 덕분에 많은 물이 창원하(昌源河)로

40 趙永翔, 앞의 논문, pp.109-110.

들어갔다. 그러나 가정(嘉靖) 초, 즉 16세기 초부터 대규모 산림을 훼손으로 가뭄과 홍수는 빈번하게 발생했다. 토착민은 물론 많은 사람들이 산에 들어가 살거나 나무를 베어 판매하면서 숲은 심각하게 훼손되었다. 섬서성의 경우도 자연재해의 빈도가 날로 증가했다. 19세기에 최고조에 달했다. 산서성도 섬서성과 크게 다르지 않았다. 명말에서 청말까지 자연재해의 발생 빈도는 날로 증가했다. 특히 청말의 '정무기황(丁戊奇荒:1877-1878)'은 광범위하면서도 장기간에 걸쳐 일어나 청 왕조 230여년 기간 동안 가장 처참한 재해였다.[41] 『신보(申報)』가 전하는 1878년 산서성 곽주(霍州)의 영석현(靈石縣)의 사례를 통해 재해의 처참한 상황을 확인할 수 있다.[42]

> 영석현 삼가촌(三家村) 92가(家) 중 아사자는 300명, 그 중 전체 가족이 죽은 집은 72가다. 흘로촌(屹老村) 79가 중 아사자는 60여 가구다. 정가장(鄭家庄)은 모두 죽었으며, 공가장(孔家庄)은 6가이며, 모두 죽은 집은 5가이다. 분서현(汾西縣) 복주촌(伏珠村) 360가 중 아사자는 1천명, 전체 가족이 아사한 경우는 100여 가구다. 곽주 상락평(上樂平) 420가 중 아사자는 900명, 전체 중 아사 가구는 80가다. 성장(成庄) 230가 중 아사자는 400명, 전체 가구 중 아사한 가구는 60가다. 이장(李庄) 130가 중 아사자는 300명, 전체 가구 중 아사 가구는 28가다. 남사촌(南社村) 120가 중 아사자는 180명, 전체 가구 중 아사 가구는 29가다. 유가장(劉家庄) 95가 중 아사자는 180명, 전체 가구 중 아사 가구는 20가다.

1877년-1878년 두 해 동안 산서성과 하남성의 아사자는 1천 만 명에 이르렀다. 그런데 17세기 중엽부터 19세기 말까지 산서성과 섬서성의 개간 면적은 줄기는커녕 꾸준히 늘어났다. 특히 심각한 아사자를 낳았던 산서성의 개간 면적은 18세기 중엽부터 19세기 말까지 상당히 증가했다.

41 梁四寶, 앞의 책, p.211.
42 李文海 等, 『中國近代十大災荒』, 上海人民出版社, 1994, pp.89-90.

〈표 4〉 청대 산서성과 섬서성의 경지 면적 변화 (단위: 무)

성별	1661년	1724년	1753년	1812년	1873년	1887년
산서성	40787125	49242560	33979419	55279052	53285401	56609070
섬서성	27019816	30654547	29212761	30677522	25840212	30592953

출처: 梁四寶, 『明淸北方資源環境變遷與經濟發展』, 高等敎育出版社, 2010, p.214.

이처럼 산서성과 섬서성의 경지면적이 늘어났는데도 산서성의 경우 유사 이래 최악의 비극을 맞이한 것은 늘어난 경지면적의 대부분이 산림훼손으로 이루어졌기 때문이다. 그 결과 섬서성의 역대 자연재해 통계에서 보듯이 14세기부터 20세기까지의 자연재해가 이전보다 훨씬 높다.[43] 산림 지역에 개간한 곳에는 대부분 옥수수를 심었다. 그러나 호우가 내리면 농경지는 곧바로 유실되고, 유실로 발생하는 흙은 계곡을 막아버린다. 그러나 이러한 결과를 복구하는 데는 엄청난 시간이 필요할 뿐 아니라 복구를 할 수 없는 기간 동안 홍수와 가뭄은 피할 수 없다.

청대 산서성과 섬서성의 수공업 발달도 산림훼손에 일정 부분 기여했다. 청조의 수공업 발달은 청초에 폐지했던 장적(匠籍)제도가 건륭시기에 부활했기 때문이다. 산서성과 섬서성의 매탄(煤炭: 석탄) 역사는 북송대로 거슬러 올라가지만, 청대에 이르러 산서성의 경우 108개 현 중에서 70여개의 현에서 석탄을 생산했다. 섬서성에서는 20여개 현에서 석탄을 생산했다. 섬서성 남쪽 진파(秦巴)산악지역에는 석탄을 생산하는 곳이 아주 많았다. 동주부(同州府) 백수현(白水縣)에는 석탄을 캐는 곳이 40여 곳에 이르렀으며, 채굴자가 300-500명 정도였다. 영강주(寧羌州) 등지의 동창(銅廠)에서 생산한 구리는 조정에 납품되었다. 청대 산서성과 섬서성은 북방 지역의 철 생산지였다. 『가경산서통지(嘉慶山西通志)』에 따르면, 산서부주(山西府州)에는 태원, 고평대성(高平大盛), 양성(陽城), 택주(澤州) 등 10곳 중 8-9곳에서 철을 생산했다. 특히 우현(盂縣)에서는 철광과 자기 및 탄창이 유일한 소득원이었다. 섬서성의 경우 봉현(鳳縣), 약양

43 梁四寶, 앞의 책, p.212, 표10.2 陝西省歷史時期自然災害統計 참조.

(略陽), 영원(寧遠), 영섬(寧陝) 등지의 경우 가경연간에 철광이 27곳이었다.[44]

석탄과 철광 생산은 생산과정에서 생기는 분진 등으로 주변 지역의 떨기나무를 덮어버리는 결과를 낳는다. 아울러 떨기나무를 덮어버리면 그 지역은 모래 지역으로 바뀐다. 그래서 섬서 진령과 대파산, 즉 섬서 중남부 지역이 채광장의 '홍산(紅山)'과 연료 목탄장의 '흑산(黑山)'으로 변해버렸다. 섬서지역의 야철 생산 과정은 곧 거대한 목재 소비를 의미한다. 한편 목창(木廠)과 제지(製紙) 수공업도 다량의 목재를 필요로 했다. 목창은 나무를 베어서 가공하는 데 중요한 역할을 담당했다. 이는 산림에 대한 직접적인 파괴에 해당한다. 종이를 만드는 것도 많은 나무를 필요로 하는 수공업이다. 도광 초기 한중(漢中) 일대에는 140곳에서 종이를 만들었다. 향균(香菌)과 목이(木耳)를 만드는 과정에서 대량의 나무가 소비되었다. 매년 가을과 겨울에 향균창에서는 밤꽃 개오동, 청동(靑桐) 등의 나무를 부패시켜서 향균을 만들었다. 따라서 향균의 생산은 목재 소비와 비례했다. 특히 향균 제조에는 균을 추출하는데 적당한 나무를 필요로 했다. 이 과정에서 산림 자원의 파괴를 불가피했으며, 그 과정에서 나무가 품고 있던 물이 빠져나갔다.[45]

수공업의 발달은 상업의 발달을 부추겼다. 섬서 남부 산지에는 철창(鐵廠), 목창(木廠), 지창(紙廠), 이창(耳廠) 등이 있었으며, 각 창마다 많을 경우 수 백 명, 적을 때는 수 십 명이 있었다. 섬서의 목상(木商)의 경우, 거대 자본을 기반으로 엄청난 규모의 목재를 이용하여 이익을 창출했다. 목재 상인들은 우선 조산(租山), 즉 산의 임대를 통해 채벌권을 얻었다. 산의 임대 계약에는 "흙만 남기고 나무를 벤다, 산만 남기고 나무를 벤다"는 구절이 있다. 더욱이 채벌권에는 나무를 심는 조항이 없었다. 약재 상인들은 나무를 베고 약초를 심었다. 설포산(雪泡山), 영관묘(靈官廟) 일대가 더욱 심했다. 이 결과 해당 산들은 모두 민둥산으로 변했으며, 오랜 기간 동안 회복되지 않았다.[46] 한편 산서성

44 梁四寶, 앞의 책, pp.215-216.
45 梁四寶, 앞의 책, p.216.
46 梁四寶, 앞의 책, p.217.

의 경우도 마찬가지로 거대 자본을 토대로 목상에 투자했다. 산서성은 고대부터 진상(晉商)으로 유명했다.[47]

47 진상에 대해서는 董繼斌·景占魁 主編, 『晉商與中國近代金融』, 山西經濟出版社, 2002;言謨 編著, 『天下晉商』, 廣東經濟出版社, 2002 참조.

Chapter 04

중국 근대의 산림정책과 중국의 미래

1. 근대의 산림
2. 임업정책과 재정
3. 조림과 보호정책
4. 임업교육과 임업학술 활동

4장
중국 근대의 산림정책과 중국의 미래

1 —— 근대의 산림

중국의 근대사회는 제1차 중영전쟁, 즉 제1차 아편전쟁부터 시작한다. 1차 아편전쟁이후 중국에서는 2차 아편전쟁, 태평천국, 청불전쟁, 청일전쟁 등 대내외적으로 많은 전쟁을 겪었다. 이 과정에서 많은 산림이 파괴되었다. 그러나 근대 이전부터 각종 전쟁으로 산림 파괴를 불가피했다. 황토고원에 위치한 섬서성의 경우도 예외일 수 없었다. 특히 도광이후 경제 악화로 기층민들의 움직임이 눈에 띄게 두드러졌다. 광서연간의 이른바 섬서성와 감숙성 지역 회민들의 반란이 그 증거다. 청조가 이 반란을 진압하는데 7년이 걸렸다. 이 과정에서 인구는 엄청나게 감소했을 뿐 아니라 전쟁으로 많은 농경지가 황무지로 변했다. 청조는 개간정책으로 문제를 해결하기 시작했다. 호북, 산동, 하남 등지의 유민을 끌어들여 개간을 실시했다.

고비사막에서 100킬로미터 떨어진 모오소(毛烏素, 마오우수)사막은 대표적인 '인조사막(人造沙漠)', 즉 인간이 만든 사막이다. 모오소 사막은 내몽고와 섬서 2성과 영하(寧夏) 동북부까지 이어져 있다. 그러나 건륭시대 영하부(寧夏府)에는 과실류에 살구, 복숭아, 자두, 배, 내(柰:사과 계통), 능금, 포도, 앵두, 호두, 추자, 화홍(花紅:사과 계통), 대추 등이 있었으며, 나무에는 소나무, 측백나무, 회화나무, 자작나무, 느릅나무, 버드나무, 위성류, 백양나무, 오동나무 등이 있었다. 곡물에는 벼, 기장, 보리, 밀, 완도, 녹두 황두, 청두 홍두, 편두 잠두 호마 등이 있었다.[1] 영하지역의 경우도 건륭 후기를 지나면서 식량문제를 해결하기 위해서 산지를 개간하기 시작했다. 물론 영하지역은 한지(旱地)라서 산림 면적도 크지 않았다. 따라서 목재 수급도 일부 지역을 제외하면 원활하지 못했다. 영하지역에서는 인근의 감숙과 청해 지역에서 목재를 수입했다. 일부 건축 재료와 가구용 목재는 하란산(賀蘭山), 나산(羅山), 육반산(六盤山) 등에서 얻었다. 그러나 강희와 건륭시기 급속한 인구 증가로 대부분의 산림은 훼손되었다. 그 결과 남아 있는 산림은 거의 없었다. 하란산의 천연 삼림은 남벌로 거의 사라졌다. 나산의 동심현(同心縣) 동북에는 초목이 무성했으며, 산 아래는 떨기나무가 많았으며, 산느릅나무를 비롯해서 황벽자(黃蘗剌), 용구목(龍枸木) 등이 있었으며, 중부에는 혼교림(混交林)지대로 운삼(雲杉), 유송(油松), 산양(山楊), 산류(山柳), 자작나무 등이 살았다. 그러나 역대 왕조의 남벌로 산림 면적이 점차 줄어들어 민국시대 천연림의 1/100에 지나지 않았다. 영하 남부는 반습윤(半濕潤) 지역이라서 산림이 무성했다. 그러나 청초 대규모 개간으로 산림면적이 급격하게 줄어들었다. 그 결과 땔감 수급조차 쉽지 않았다. 더욱이 동치연간 10년 동안의 전쟁은 조림사업 자체를 불가능하게 만들었을 뿐 아니라 남은 나무마저 남벌한 탓에 산은 민둥산으로 변해버렸다. 민국시기 영하 남부 지역은 거의 숲이 사라졌다.[2]

모오소 사막지대는 섬서 유림(楡林), 정변(定邊), 횡산(橫山), 신목(神木) 등을 포함하고 있다. 1862년(동치원년)부터 1903년(광서29)까지 40여 년 동안 농경지 개간으로 목축지가 줄어들었을 뿐 아니라 초원 위 사막 방지를 위한 나무마저 사라져 사막화가 빠른 속도로 진행되었다. 이 지역의 사막화 과정은 신목에서 자세하게 알 수 있다. 사막으로 변한 곳에는 사호(沙蒿)라 불리는 황호(黃蒿: 쑥의 일종)이 발생한다. 황호가 해마다 땅에 잎을 떨어뜨리면 비옥한 땅으로 변한다. 6-7년 혹은 7-8년이 지나면 이곳에서 기장[黍]을 심을 수 있다.

---

1 陳明猷 點校, 『乾隆寧夏府志上』, 寧夏人民出版社, 1992, pp.112-113.
2 楊新才 編著, 『寧夏農業史』, 中國農業出版社, 1988, p.265.

그러나 기장을 심은 2년 뒤에 다시 황호가 살아나서 사막으로 변한다. 청말 서남의 정변 지역 중 명사(明沙), 배랍(扒拉), 감탄(石+感灘), 유발(柳勃) 중 절대 다수 지역에서 초지가 고작 2/10에 불과했다. 따라서 지난날의 울창한 숲은 그 어디에서도 찾아볼 수 없었다.[3]

청대의 인구 증가와 개간 정책은 섬서지역도 예외가 아니어서 청초부터 청말까지 꾸준이 이어졌다. 섬서 유림현(楡林縣)과 내몽고 오심기(烏審旗)의 경우 1916년 1657호에서 탄지(灘地:강가에 모래나 진흙이 쌓여서 형성된 땅) 30,462무와 사지(沙地) 118,134무에서 농사지었다. 그 중 유림현 건안보(建安堡)의 319호의 1,600명이 농사지은 땅은 72,144무였다. 유림현을 비롯한 다른 지역의 개간 면적과 이주 상황은 다음과 같다.

〈표 5〉 1916-1921년 섬서 북쪽 변경의 토지개간과 이주 현황

지역 \ 인구/경작	촌장(村庄)/개(個)	인구/호(戶)	경종(耕種) 탄지(灘地)/무(畝)	종(耕種) 탄지(沙地)/무(畝)
유림(楡林), 오심기(烏審旗) (1616년)	204	1,657	30,462	118,134
횡산(橫山), 오심기(烏審旗) (1921년)	230	2,232	242,773	
부곡(府谷), 준갈이기(准噶爾旗) (1921년)	478	4,982	15,260	239,175
신목(神木), 군왕기(郡王旗)	402	2,952	60,356	186,601
정변(定邊), 오심기(烏審旗)	276		153,170	174,879
정변(靖邊), 악탁극기(鄂托克旗)	352		284,802	
총계	1,942		786,823	735,823

출처: 趙珍, 『清代西北生態變遷研究』, 人民出版社, 2005, p.132.

3 趙珍, 『清代西北生態變遷研究』, 人民出版社, 2005, p.129.

섬서 북쪽의 이러한 장기간에 걸친 개간은 이 지역의 자연생태에 엄청난 변화를 주었을 뿐 아니라 더 이상 회복할 수 없는 단계에까지 이르렀다. 현재 모오소 사막은 바로 청초 이래 이 지역의 인구 증가와 개간으로 발생한 인재(人災)였다. 또 하나의 황토고원인 감숙성도 섬서 북부와 크게 다르지 않았다. 청 중엽의 감숙성은 지금의 청해(青海) 동부, 영하와 감숙 대부분을 포함한다. 감숙성의 개간 상황을 정확하게 알려주는 자료는 많지 않지만, 1844년(도광24)부터 시작한 개간사업의 내용이나 1903년(광서29)의 개간사례 등을 통해서 섬서와 비슷한 결과를 짐작할 수 있다.[4] 영하지역과 인접한 황토고원도 사정은 거의 비슷했다. 조림은 이 지역 백만 인구의 생명을 담보하고 있었다. 1871년(동치10) 이 지역의 반란은 좌종당(左宗棠)에 의해 진압되었지만, 경제회복 당시 나무들은 드물었고, 목재 수급도 쉽지 않았다. 이에 청 정부는 군대를 동원하여 나무를 심기 시작했다. 이 때 심은 나무 중 대부분은 버드나무였다.[5] 좌종당의 이 지역에 대한 조림 사업은 좌종당의 뒤를 이어 1879년(광서5) 섬감총독(陝甘總督)에 부임한 양창준(楊昌浚)이 계승했다. 그는 섬서 농서지역을 지나가면서 도로변의 버드나무를 보고 감탄을 금할 수 없었다. 그는 자신의 성(姓) 양이 버드나무라는 사실을 기억하면서 현장의 버드나무에 감탄했을까. 그는 버드나무 가로수를 보고 즉석에서 시를 지었다.[6]

대장군은 변경을 경영하느라 오히려 돌아갈 수 없고 / 大將籌邊尚未還
호남의 자제들은 천산에 가득하네. / 湖湘子弟遍天山
새로 심은 버드나무 삼천리 / 新栽楊柳三千里
춘풍을 끌어와 옥문관을 건너가네. / 引得春風度玉關

---

4 趙珍, 앞의 책, p.134.

5 楊新才 編著, 앞의 책, pp.265-266.

6 王紅誼·惠富平·王思明, 『中國西部農業開發史研究』, 中國農業科學技術出版社, 2003, p.255.

이 지역 사람들은 좌종당 조림사업을 기념하여 도로변에 다음과 같은 구절을 새겨놓았다.[7]

> 곤륜산의 터에 / 崑崙之墟
> 쌓인 눈 정말 희구나. / 積雪皚皚
> 술 한 잔 마시고 양관으로 가니 / 杯酒陽關
> 말도 울고 사람도 눈물 흘리네. / 馬嘶人泣
> 누가 봄바람을 이끌어 / 誰引春風
> 천리 푸른 버드나무 길로 갈까. / 千里一碧
> 자르지도 베지도 마라 / 勿剪勿伐
> 좌종당이 심은 나무인 것을. / 左侯所植

도로변의 표석은 행인들에게 나무 보호의 중요성을 일깨워주기 위한 것이었다. 1949년 중화인민공화국이 성립한 직후 인민해방군 부참모장을 역임한 왕진(王震, 1908-1993) 장군이 신강에 주둔할 당시 이곳의 버드나무를 보고 '좌공류(左公柳)'라 불렀다.[8]

근대 중국의 산림 현황은 정확한 통계 부족으로 실상을 파악하기 쉽지 않다. 웅대동(熊大桐)의 연구를 통해 대략적인 내용을 파악할 수 있다.[9] 다만 중국의 행정원실업부(行政院實業部)와 일본만주철도주식회사의 자료에 따르면, 태평천국 전후의 산림지대는 내몽고의 외흥안령(外興安嶺)과 대소안령(大小安嶺), 흑룡강성(黑龍江省)의 송화강(松花江), 길림성(吉林省)의 목단강(牧丹江), 만주의 압록강 유역, 신강(新疆)의 천산(天山), 청해성(青海省)의 기연산(祁連山), 진령(秦嶺), 감숙성(甘肅省)의 조하(洮河), 사천성(四川省)의 민강(岷江), 사천성의 아롱강(雅礱江), 청해성과 사천성의 금사강(金沙江) 유역, 천진(天津)의 팔선산(八仙山), 산동성의 태평산(太平山) 등이었다. 이 같은 중국의 산림면적은 당시 전 세계의 산

---

7 王紅誼·惠富平·王思明, 앞의 책.

8 王紅誼·惠富平·王思明, 앞의 책.

9 熊大桐 等 編著, 『中國近代林業史』, 中國林業出版社, 1989, pp.14-15.

림면적에 비해 상당히 낮은 수준이었다. 근대시기 황토고원의 인구·토지와 산림자원의 관계를 보면, 감숙성의 경우 평균 1인이 차지하는 삼림의 비율이 5.46무(畝), 영하의 경우 12.52무, 섬서의 경우 3.97무, 산서의 경우 1.20무이다. 이 시기 전국 평균은 3.0무이다.[10] 따라서 근대시기 황토고원의 삼림면적은 영하가 가장 많고, 산서성이 가장 낮다.

황토고원 중 감숙성 동북부의 경우 해발 500-1,500미터에서는 주로 관목이 살고 있었다. 대표적인 수종은 산느릅나무를 꼽을 수 있다. 해발 1,500-2,100미터에서는 운남의 삼나무, 잣나무, 산버드나무와 자작나무를 들 수 있다. 해발 2,100-2,600미터에서는 삼나무를 꼽을 수 있다. 그러나 청말과 민국시기에 이 지역의 나무들은 영하회족자치구의 은천(銀川)과 오충(吳忠) 등지로 판매되었다. 청해성 동부의 감숙성 교계의 황하상류 지역의 대표 수종은 운남 삼나무를 비롯하여 측백나무와 자작나무였다.[11] 감숙성 민현(岷縣)의 해발 2,400-3,000미터 부근에는 운남 삼나무가 아주 많았다. 해발 3,000-4,000미터에서는 냉삼(冷杉), 즉 전나무가, 해발이 낮은 곳에서는 운남 삼나무와 전나무가 함께 살았다. 그러나 이 지역의 나무들도 청말 민국시기에 남벌을 피할 수 없었다. 섬서성 중부의 진령(秦嶺) 북쪽 산림지역에서는 굴참나무[栓皮櫟], 요동의 상수리나무[遼東櫟], 후박나무, 느티나무, 느릅나무, 화산의 소나무, 백송, 자작나무, 호두나무, 자작나무, 무궁화, 전나무, 잣나무 등이 분포했다. 진령 남쪽에서는 녹나무, 광나무 등이 살았다. 진령 서쪽 태백산 등지에서는 전나무, 낙엽송, 잣나무가 많았다. 진령의 산림지역은 교통이 편리해서 나무들이 많이 잘렸다. 산서성의 경우 관잠산(管涔山), 운중산(雲中山) 등지는 원시림이었다. 이곳에서는 잣나무, 낙엽송, 자작나무, 떡갈나무가 많았다. 그러나 청말 민국시기에 대부분 벌목되었다.[12]

근대시기 중국의 산림 면적은 아편전쟁 전후시기에서 민국36년 사이에 크

---

10 熊大桐 等 編著, 앞의 책, pp.16-17.
11 熊大桐 等 編著, 앞의 책, pp.32-35.
12 熊大桐 等 編著, 앞의 책, p.55.

게 줄어들었다. 그 원인에는 여러 가지 있었다. 그 중 제국주의의 침탈을 들 수 있지만, 러시아와 일본을 비롯한 제국주의 산림 침탈은 주로 동북지역에 집중되었다. 다만 군벌시기 산서성의 산림이 많이 파괴되었다.[13] 태평천국은 전국의 산림 파괴에 큰 영향을 주었다. 섬서도 예외가 아니었다. 1863년 태평천국군과 청조 군대가 남정현(南鄭縣)의 동채(洞寨), 염수(廉水), 기자산(箕子山)에서 교전하는 과정에서 많은 산림이 파괴되었다. 1864년에는 청조의 군대가 흑수협(黑水峽)을 비롯한 태평천국 군대의 거점을 방화하는 과정에서도 많은 산림이 불에 탔다. 신해혁명이후 항일전쟁시기의 각 지역의 산림도 많이 파괴되었다.[14]

삼림의 훼손은 목재의 판매와 밀접한 관련이 있었다.[15] 섬서성 서안은 정치, 경제, 문화의 중심지이자 목재의 집산지이기도 했다. 청말 목재 시장이 발달했다. 예컨대 1928년 상인 유충괴(劉忠魁)는 서안 집성공호(集成公號)를 개설하여 목재를 경영했다. 그러나 당시의 목재 상인들의 규모는 크지 않았다. 그러나 장학량이 서안에 주둔하면서 목재의 수요가 늘어나자 1931년에 목재상이 7-8가였으며, 그 중에서 송무상, 임성생, 이임등 등은 규모가 꽤 컸다. 1934년에는 목재상이 10가로, 1936년에는 40가 이상으로 늘어났다. 그 중에서도 보융(寶隆) 의 3가는 목재 전문 상인이었다. 그러나 1937년 항일전쟁으로 목재소비가 감소하여 목재상은 10가로 줄어들었다. 서안의 목재는 주로 미국산 소나무로 불리는 '화기송(花旗松)'이 팔려나갔으며, 일부 유안(柳桉)도 판매되었다. 광인, 보융 등의 '양목행(洋木行)'은 상해를 거쳐 청도 등지로 목재를 판매했다. 특히 항일전쟁 이전에는 목재 무역이 활발하여 1935-1936년 간 영업액은 매년 100만원이었다. 서안의 목재 중 남산, 즉 종남산의 목재는 동로재(東路材)와 서로재(西路材)로 나누었다. 동로재는 서안 동쪽의 각 산에서 생산했고, 서로재는 서안 서쪽 각 산에서 생산했다. 동로재는 서로재에 비해 많았

13 熊大桐 等 編著, 앞의 책, p.70.

14 熊大桐 等 編著, 앞의 책, pp.73-78.

15 熊大桐 等 編著, 앞의 책, pp.383-384.

다. 서안의 각 목호(木號)는 대부분 깊은 산림 지역에 들어가서 목재를 구입했다. 매가에서 파견한 사람들은 적게는 1-2명, 많게는 5-6명 정도였다. 그 외 서안의 다른 지역에서도 목재를 생산했지만 생산량은 많지 않았다. 항일전쟁 이후 서안의 목재 무역은 해외로 나간 것을 제외하면 매년 약 30만원이었다. 1940년 서안의 목재 가격은 화산송(華山松)의 경우 6-8척(尺)이 40원일 때도 있었지만, 0.8-4원까지 가격 변동이 아주 심했다. 버드나무는 4-6척의 가격이 17원-75원까지 가격 변동이 상대적으로 좁았을 뿐 아니라 높은 가격으로 거래되었다. 오동나무도 6-10척의 경우 35-70원으로 아주 높은 가격이었다. 호두나무의 경우도 8척이 120원에 판매될 정도로 높았다. 회화나무와 느릅나무는 6-8척의 경우 40-80원에 거래되었다. 잣나무의 유송은 10척에 100원이었다. 이처럼 서안의 목재가격은 미국소나무의 가격이 상대적으로 낮았으며, 다른 종류의 나무는 가격이 높았다.

2 —— 임업정책과 재정

청 정부는 산림 파괴를 주도했지만 일부는 산림훼손의 위험성을 경고하거나 조림을 통해 문제를 해결하고자 했다. 청말 변법운동을 주도한 강유위(康有爲)의 『대동서·공벽(公闢)』에서 산림파괴와 산림의 중요성을 확인할 수 있다.

> 대동세가 되면 공정부는 산을 개간하고 길을 만들며, 사막을 변화시키고 바다를 건널 수 있게 하는 것을 가장 큰 일로 삼는다. 인구가 날로 많아지고 사용되는 물건은 더욱 번잡스러워지는데 이때가 되면 깊은 산, 굽은 계곡, 막다른 샘, 깊은 밀림 속이라도 통하지 않는 곳이 없고 이 역시 한 동네와 같아진다. 그러므로 길을 통하게 하고 물을 다스

> 리며 다리를 건축하는 큰 공사에 소용되는 인원이 다른 일에 고용되는 사람에 비해 가장 많고, 기선 · 철도의 수리와 건축에 드는 비용이 가장 많다. 산을 평평하게 하고 고개를 뚫고 하천을 통하게 하며 다리 · 봉우리 및 뾰족한 산은 모두 개방한다. 오래된 숲이나 깊은 광산을 막론하고 개척되지 않는 곳이 없으며, 눈 덮인 산과 빙해도 모두 탐험되어 인간에게 이익이 되는 것이면 모두 개발된다. 농장 · 산림 · 화원 · 과수원 · 석물(石物) · 공장 · 제련소 등은 높은 산이나 외딴 섬에도 두루 퍼져 있다.[16]

강유위가 꿈꾸는 대동 세계는 산림의 무분별한 벌목을 통해서 가능하다. 그는 사람 간의 소통을 위해서라면 그 어떤 것도 개간할 필요성이 있다고 생각했다. 강유위에게 산과 나무와 풀은 단순히 인간을 편리를 위해서 존재하는 대상에 불과했다. 강유위와 달리 동시대의 어사 하휘(河揮)는 조림사업을 통해 이익 창출을 강조했다. 심지어 그는 나무를 심으면 가뭄을 해소할 수 있다는 주장까지 제시했다.[17]

민국초기 중국 정부는 근대과학의 영향을 받아 임업의 중요성을 깨닫기 시작했다. 그래서 임업 관련 정책과 법령이 제정되었다. 특히 황토고원은 중국의 중요한 산림 지역이었기 때문에 정책과 법령은 한층 중요했다. 손문은 「삼민주의(三民主義)」 및 「건국방략(建國方略)」을 통해서 삼림과 자연재해의 상관관계에 주목하고, 중국 북부와 서부의 조림에 대해 언급했다. 그래서 정부는 민국 연간에 여러 차례 산림 관련법을 제정·공포했다. 정부는 법령 제정 외에도 1941년-1942년에 경제임장 4곳을 만들었다. 4곳 중 제2 임장이 섬서 농현(隴縣)에 설치했다. 나머지 제1 임장은 귀주 진원(鎭遠), 제3, 제4 임장은 광동 악창(樂昌)과 광서 용주(龍州)에 설치했다. 1942년에는 섬서와 감숙 등지에 수원임구(水源林區)를 설립했다. 1945년 국민정부는 서부의 사방림(砂防林)을 조성

16 강유위 지음, 이성애 옮김, 『대동서』, 을유문화사, 2006, p.603.

17 熊大桐 等 編著, 앞의 책, p.81.

하고, 섬서, 감숙, 요녕, 열하. 찰합이, 수원, 청해 7성(省)의 사막화를 방지하기 위해 만 리에 이르는 사막 지대에 나무를 심기로 했다. 그러나 국민당 정부는 공산당과의 내전으로 이 사업을 성공적으로 마무리하지 못했다. 중국은 국민당 정부의 이 사업을 '삼북방호림건설(三北防護林建設)'을 통해 일정 부분 계승했다.[18]

1930년대에는 섬서성 지방 정부 차원에서도 황하수환방어림(黃河水患防禦林), 섬서풍사방폐림(陝西風沙防蔽林), 각현진촌보공중위생림(各縣鎭村堡公衆衛生林) 및 진령수원함양림(秦嶺水源涵養林)을 조성했다. 당시 섬서 관중과 섬서 남부에 심은 나무는 버드나무, 수양버들, 느릅나무, 회화나무, 참죽나무, 소나무, 측백나무, 감나무, 뽕나무, 호두나무, 대추나무, 살구나무, 자두나무 등이었다. 이러한 나무들은 대부분 사유림이었으며, 향촌 소유의 나무는 많지 않았다.[19]

〈사진 59〉 수양버들

18 王紅誼·惠富平·王思明, 앞의 책. pp.255-256.

19 王紅誼·惠富平·王思明, 앞의 책. p.256.

3 —— 조림과 보호정책

청말 중국에서는 조림에 대한 관심이 한층 높아졌다. 특히 무술정변 이후 실업을 강조하면서 조림에 대한 관심이 높아지기 시작했다. 조림에 대해서는 『중국근대임업사(中國近代林業史)』에 자세하다.[20]

1915년 북양정부의 농상부에서도 조림의 필요성을 강조한 후, 다음해 1916년 청명절에 식목일을 정해 북경 이화원 북쪽 설가산(薛家山)에서 국가차원에서 본격적으로 나무를 심는 행사를 가졌다. 이 때 수천 그루의 측백나무를 심었다. 아울러 북경에서 실시한 식목 행사는 전국에서도 이루어졌다. 이 이후 매년 청명절에 식목 행사를 가졌다. 그러나 국민당정부는 북양정부에서 실시한 식목행사 일을 폐지하는 대신 3월 12일을 식목일로 정했다. 국민당정부가 이 날을 식목일로 잡은 것은 1925년에 죽은 손문의 죽음을 기념하기 위해서였다. 1929년 2월 농광부(農鑛部)에서는 3월 11-16일을 조림 운동 선전 주간으로 삼았으며, 1931년에는 조림 운동 선전 주간의 구호를 공포했다.

- 조림은 중국의 실업을 진흥시키는 선구적인 소리다
- 조림은 수재와 한재를 구하는 근본적인 방법이다
- 조림은 풍경을 이어주고, 건강을 증진시킨다
- 조림은 제방을 튼튼하게 만들 수 있다
- 삼림은 수원(水源)을 함양하는 효과가 있다
- 삼림은 바람과 모래를 막아주는 효과가 있다
- 삼림은 공기를 맑게 해주고 신체를 건강하게 한다
- 서북 황무지를 개간하기 전에 반드시 조림을 실시하자
- 삼림은 강우량을 조절한다
- 삼림은 토양을 개량하는 효능을 가지고 있다
- 조림에 노력하고, 황폐한 나무를 구제하자
- 우리나라 임업을 진흥해야 목재를 비로소 자급할 수 있다
- 우리나라가 임업을 진흥하지 않으면, 농업은 결코 진흥할 수 없다
- 조림은 인류의 숭고하고 위대한 정신을 떨칠 수 있다

20 熊大桐 等 編著, 앞의 책, pp.178-216.

1932-1933년 기간 동안 황토고원에는 다른 지역에 비해 기념 식수량이 많지 않았지만, 1933년의 경우 산서성은 전국에서 가장 많은 기념식수가 이루어졌다. 산서성에는 1920년의 경우 전성에 육묘 1779무, 묘목 4263.4만주, 산에 심은 묘목 479.4만주, 조림 22925무, 심은 묘목 332.7만주에 이르렀다. 그러나 항일전쟁기간 동안에는 국고의 부족으로 조림사업도 거의 이루어지지 않았다. 섬서성 진령을 비롯한 국유림 지역에 겨우 육묘(育苗) 158만주, 조림 80만주에 불과했다. 1922-1935년 항일전쟁기간 동안 황토고원의 조림 통계를 보면, 산서성이 1927994무에 85952853 그루로 전국에서 가장 많이 조림했으며, 감숙성은 33073무에 2641044그루, 섬서성은 49434무에 1387201무에 불과하다.

항일전쟁 이후에는 조림 사업이 항일전쟁 시기보다 활발하게 이루어졌다. 농림부에서는 30년 조림계획을 세워 경제림, 용재림(用材林), 신탄림(薪炭林) 등을 조성했다. 이외에도 보안림을 만들었다. 1929년 농광부는 6개 보안림을 설정했으며, 섬서, 감숙, 산서, 하남, 하북, 산동을 제1보안림으로 설정했다. 1934년 섬서성 임무국(林務局)에서는 500무에 버드나무를 심었다. 보계(寶鷄) 등지에서도 조림했다. 그 후 미현(湄縣) 괴아진(槐芽鎮)과 서안 북안 등지에서도 조림했다. 위하(渭河) 상류 농남(隴南)에서는 수토유실이 아주 심했다. 그래서 이 지역을 중심으로 조림이 이루어졌다. 1947년 섬서, 감숙 등 서북 지역의 사막화를 막기 위해 농림부에서는 10리 간격으로 만리에 녹지대를 만들기로 했다. 제1기는 5년 내에 완성하고 전체는 30년 만에 완성키로 계획했다.

조림은 개인차원에서도 이루어졌다. 1914년 북양정부는 '삼림법'을 공포한 후 1915년에는 '조림장려조례'를 만들어 조림을 장려했다. 이에 따라 1917년 산서성에서는 '종수간장(種樹簡章)'을 만들어 전체 인민들이 각각 한 그루의 나무를 심도록 했다. 당시 선택한 나무는 복사나무, 자두나무, 배나무, 살구나무, 대추나무, 감나무, 호두나무, 옻나무 등을 심었다. 이 같은 나무들은 모두 빨리 이익을 볼 수 있다는 특징을 갖고 있다. 산서성에서는 나무를 많이 심는 자들에게 장려함과 동시에 나무를 훼손하는 자들에게 벌을 주었다. 만약 한 그루를 훼손하면 5그루를 심도록 했다. 조림은 군 차원에서도 진행되었다.

모택동은 정강산에서 공남(贛南)으로 혁명근거지를 옮긴 뒤 1931년 '흥국조사(興國調査)'를 발표했다. 그 이유는 부족한 삼림이 수재와 한재를 일으켰을 뿐 아니라 인민들의 가난에까지 영향을 준 사실을 확인했기 때문이다. 1932년 3월에는 '식수운동에 대한 결의[對植樹運動的決議]'를 공포했다. 아울러 1933년에 조림의 계절에 한 사람이 10그루를 심도록 했다. 1938년 2월 섬서성과 감숙성의 변구정부건설청을 건설하고, 근본적으로 서북 대륙성 기후를 바꾸고, 강우량을 높이고, 수원을 함축하고, 수토류(水土流)를 방지하고 농축산업의 생산을 보장하기 위해 숲을 가꾸기로 했다. 이에 당, 정, 군, 민, 학을 총동원하여 나무를 심었다. 그 결과 1939년에 섬서성과 감숙성 등지에 10만 그루를 심었다. 1941년에는 같은 지역에 변구의 임업 공작 임무를 수행하기 위해 다음과 같은 사업을 실시했다. 첫째, 삼림이 없는 지역에는 '기후림'을 조성한다. 둘째, 삼림이 있는 지역에는 계획적인 보호와 개발을 실시하고, 공업과 인민생활에 필요한 목재를 제공한다. 이를 위해서 3년 내에 10만 원(元)을 투자한다. 건설청 통계에 따르면, 1938-1942년 동안 전체 변구에 심은 나무는 260만여 그루, 그 중에서 1938년에 457190 그루, 1939년에 1390116 그루, 1940년에 514887 그루, 1942년에 259772 그루를 심었다. 1943년에는 섬서성 북쪽 지역의 조림을 실시해서 1946년까지 500만주를 심었다.[21]

〈사진 60〉 모택동 상

[21] 熊大桐 等 編著, 앞의 책, pp.225-226.

4 —— 임업교육과 임업학술 활동

산림에 대한 폭넓은 이해는 대부분 교육을 통해서 이루어진다. 중국에서 정식으로 임업에 대한 교육이 이루어진 것은 청말이었다. 1903년 장지동(張之洞)과 영경(榮慶), 장백희(張百熙)는 농림학교를 일으키기 위해 학제 규정을 만들고, 경사대학당, 고등농업학당, 중등농업학당, 초등농업학당 등에 임과(林科)를 개설했다. 물론 변법운동의 실패로 임업 분야의 교사와 교재도 부족했으며, 대학의 임과 개설도 실현되지 못했다. 다만 고등농업학당, 중등농업학당에서 임과를 개설하여 학생을 모집했다. 임업 교육은 민국 이후에서야 비로소 발전하여 농업대학에 임과를 개설했다. 이는 중국 최초의 고등임업교육의 출발이었다. 고등농업학당 임과는 청말 작업 교육 중 실업학당의 하나였다. 목적은 고등농업 기술을 가르쳐서 공사간의 농업 업무를 처리할 수 있는 인재를 배출하기 위해서였다. 학제는 3년이었으며, 중학을 졸업한 학생이 대상이었다. 당시 전국에 5곳에 설치했다. 그 중 1902년 산서 태원에 농림학당을 설치했다. 나중에 농림학교는 농업전문학교로 바뀌었다. 중등농업학당 임과는 2-3년제며 12-15세가 대상이었다. 훗날 농림전문학당으로 바뀌었다. 초등농업학당 임과는 3년제였으며, 13세 이상 소학졸업생이 대상이었다.

농림학당의 교과과정을 살펴보면, 청말 농과대학 임학문(林學門)의 주요 과목은 삼림산학(森林算學), 지질학 및 토양학, 기상학, 삼림물리학, 식물생리학, 삼림동물학, 임학통론, 조림학, 식물학실험, 동물학실험, 조림학실험, 삼림측량실습, 실사연습, 수병학(樹病學), 삼림화학, 삼림이용학, 삼림도로, 삼림보호학, 삼림경리학, 삼림관리학, 삼림수리 및 사방공학, 삼림화학실험, 삼림도로실습 등이었다. 보조과목은 이재학(理財學), 법학통론, 삼림법률학, 임정학(林政學), 국가재정학 등이었다. 고등농업학당의 삼림과 과정에는 농과대학에 없는 도화(圖畵), 임산제조학, 수렵학, 식민학(殖民學) 등이 포함되어 있다.

민국시기의 농업교육은 국립, 공립, 사립 등 3종이 있었다. 민국시대 전국 대학에서 가장 먼저 임과를 설치한 곳은 1914년 북경농업전문학교였다.

1923년에는 북경농업대학으로 명칭을 바꾸고, 1925년에는 남경의 사립 금릉대학에 임과를 설치했다. 이는 1919년 오사운동이후 대학의 수가 늘어났기 때문이었다. 그러나 항일전쟁 승리 후 국민당 정부의 붕괴로 임업 교육에 제대로 이루어지지 못했다. 다만 1948년 해방구에서 삼림전문학교가 생겼다. 그곳은 바로 산서성 심원현(沁源縣)의 영공산(靈空山)이었다. 해방 직전 삼림 계통의 학원 중 섬서성 무공(武功)에 서북농학원이, 1904년 산서성에서 태원에 설립한 산서농업전문학교가 있었다.[22]

청말에는 임업학술 단체도 생겼다. 1896년 장건은 농학회의 설립을 주장했다. 그는 상해에서 농학회를 설립하여 각 지역에 분회 설립을 주장했다. 같은 해 나진옥, 서수란, 주조영, 장불 등이 농립과학의 연구를 제창하고 시무보와 지신보 등에 관련 내용을 실었다. 1개월 여 뒤에 이들의 주장에 찬동하는 분위기가 형성되어 상해에서 '무농회(務農會)' 혹은 '상해농학회'라 불리는 학회를 설립했다. 1897년에는 '농학보'라는 학술지를 간행했다. 1917년 1월에는 농업교육계 인사 왕순성, 당창치 등이 상해에서 중화농학회를 만들었다. 1918년 12월에는 중화농학회가 부정기 간행물인 '중화농학회총간'을 간행했으며, 1920년 3월에는 '중화농학회보'로 이름을 바꾸고, 7월에는 월간으로 간행했다. 1921년에는 중화삼림회에서 편집한 '삼림'을 간행했다. 그러나 1922년 군벌 간의 전쟁으로 중화삼림회의 활동 및 '삼림'지의 간행도 멈췄다. 북벌이 끝난 1928년 5월, 남경의 임업 관련 인사들이 모였다. 모임에서 한안, 피작경, 강한, 황희주 등은 임업 학술단체의 부활을 위해 노력하기로 했다. 그들은 8월 4일 금릉대학에서 '중화임학회'를 설립하고, '중화임학회회장(中華林學會會章)'을 통과시켰다. 1929년 10월에는 중화임학회가 편집한 부정기 출판물 '임학'을 간행했다. 같은 해 11월에는 이사를 9명으로 늘이면서 매년 1/3을 교체하기로 결정했다. 당시 중화임학회의 회원은 108명이었다. 그러나 중화임학회의 활동은 '918 사변'으로 정지되었으며, '임학'지도 1931년 10월에 정간되었다. 항일전쟁 승리 후 중화임학회는 중경에서 남경으로 활동 근

22 熊大桐 等 編著, 앞의 책, pp.521-528.

거지를 옮겨 1947년 11월에 창립 30주년 축하 기념식을 가졌다. 당시 회원은 500여 명이었다.[23]

청말 임업 활동가 중 대표적인 인물 중 하나는 포세신(包世臣, 1775-1855)이다. 그는 안휘성 경현(涇縣)의 몰락 지주의 아들로 태어났다. 그가 임업에 남다른 관심을 가진 것은 가난한 부친이 채소와 과일을 심어 생계를 유지했기 때문이다. 이러한 환경에서 자란 포세신은 일찍부터 각 지역의 풍토와 풍속에 익숙했다. 1808년 거인에 합격한 포세신은 60세 때 강서성 신유현(新喩縣)의 지현에 부임했지만, 평생 대부분의 삶을 고위관료의 막우로 보냈다. 그는 이러한 과정에서 임업에 큰 관심을 가졌다. 『안오사종(安吳四種)·제민사술(齊民四述)』에서 포세신의 농업 관련 정보를 확인할 수 있다. 그는 백성을 다스리는 방법을 '농(農)', '예(禮)', '형(刑)', '병(兵)' 4종류로 파악했다. 그 중 임업과 관련한 내용은 '농'에 수록되어 있다. 나무에 대한 내용은 '수식(樹植)'에서 다루고 있다.[24] 가장 먼저 언급한 나무는 대나무다. 대나무는 고평산파(高平山坡), 높으면서도 평평하고 산이면서도 언덕 같은 곳의 흰 모래와 부드러운 땅에 적합하다. 여기서는 대나무를 심는 방법에 대해서도 자세히 언급하고 있으면, 대나무가 꽃이 쌀처럼 맺히면 죽는다는 것도 언급하고 있다. 만약 대나무에 꽃이 피면 다른 나무들에게 번지기 때문에 우선 큰 대나무를 선택해서 뿌리를 제거할 것을 주장하고 있다. 다음으로 언급하고 있는 나무는 소나무와 측백나무다. 두 나무는 정월에 옮길 것을 주장한다. 특히 옮길 때는 고토(故土)와 방향을 잘 기억했다가 그대로 심어야지 그렇지 않고 반대로 심으면 잘 죽는다고 했다. 다른 날 심으면 대부분 죽는다. 만약 열매를 심을 경우에는 9월에 열매를 주어서 다음 해 봄에 심는다. 다음으로 언급하고 있는 나무로는 느릅나무, 버드나무, 닥나무, 옻나무, 회화나무, 오동나무, 개오동나무, 삼나무 등이다. 오기준(吳其濬, 1789-1847)은 하남(河南) 고시(固始) 출신이다. 그는 1817년 진사에 합격한 후 한림원 수찬을 시작으로 호북과 강서의 학정(學政), 호남, 절강, 운남, 복건, 산서 순무(巡撫), 호광과 운남의 총독을 역임했다. 그

23 熊大桐 等 編著, 앞의 책, pp.543-550.

24 包世臣, 『安鳴四種』, 文海出版社, 1973, pp.1734-1749.

는 앞에서 언급했듯이 급청대 전체를 통틀어 식물학에 가장 큰 관심을 가졌을 뿐 아니라 업적도 남달랐던 인물이다.

산림에 대한 관심은 1949년 중화인민공화국 이후에도 이어졌다. 중국 정부는 1950-60년대에 '식수조림(植樹造林), 녹화조국(綠化祖國)', 1990년대는 '세기를 넘는 녹색공정[跨世紀綠色工程](제1기, 1996-2000년)'이라는 정책을 통해 전국토를 13.92%의 삼림지대로 만들었다. 중국정부의 이러한 정책은 수토를 방지하고 사막화를 막는데 중요한 역할을 담당했다. 중국정부의 산림정책은 1984년과 1985년의 '삼림법(森林法)'과 '초원법(草原法)', 1987년의 '중국자연보호강요(中國自然保護綱要)', 1991년의 '수토보지법(水土保持法)', 1994년의 '중국생물다양성보호운동계획(中國生物多樣性保護運動計劃)'과 '자연보호구조례(自然保護區條例)', 1998년의 '전국생태환경건설규획(全國生態環境建設規劃)'과 '야생동물법(野生動物法)', 2000년의 '해양환경보호법(海洋還境保護法)' 등에서 확인할 수 있다. 이 외에도 '환경보호법', '헌법', '형법' 등 에서도 자연자원과 자연환경을 보호하는 내용을 수록했다. 아울러 2005년에는 전국토 중 육지 면적의 14.99%를 자연보호 구역으로 설정했을 뿐 아니라 제6차 전국삼림자원청사[全國森林資源淸查(1999-2003)]에 근거하여 전국의 삼림면적이 18.21%로 증가했다.[25]

〈표 6〉 황토고원의 중국국가급자연보호구역(2006년 기준/식물부문 선별 적용)

성	보호구명칭	행정구역	면적/hm²	주요보호대상	유형	지정일	주관부문
산서성	양성 망하	양성현	5600	아열대삼림	야생동물	1983-21-01	임업
	노아산	영무 기람 오채	21453	낙엽송 운삼 차생림	야생동물	1980-21-01	임업
	방천태	교성현 방산현	10466	삼림생태계통	야생동물	1986-07-09	임업
	역산	원곡 심수 익성	24800	삼림	삼림생태	1988-05-09	임업
	오록산	포현 습현	20617.3	생태환경	야생동물	1993-01-01	임업

25 黃柏炎·劉洁生 編著, 『自然保護概論』, 華中科技大學出版社, 2007, pp.6-7.

성	보호구명칭	행정구역	면적/hm²	주요보호대상	유형	지정일	주관부문
섬서성	주지금사후	주지현	56393	야생동물	야생동물	1988-05-09	임업
	태백산	태백 미현 주지현	56325	삼림	삼림생태	1965-09-09	임업
	장청	양현	29906	희귀동물	야생동물	1995-12-12	임업
	한중주환	영현 성고현	37549	주환생태	야생동물	1983-01-01	임업
	불평	불평현	29240	삼림생태	야생동물	1979-01-01	임업
	우배량	작수 장안 영협현	6031	희귀동물	야생동물	1988-05-09	임업
	자오령	부현	40621	삼림	삼림생태	2001-11-01	임업
감숙성	흥륭산	유중현	33301	삼림생태	삼림생태	2001-04-01	임업
	기련산	주천지구 장액지구	2653023	수원함양림	삼림생태	1988-05-09	임업
	돈황서호	돈황시	660000	황막습지	야생동물	1992-01-01	임업
	안서극한 황막	안서현	800000	극한식피	황막생태	1987-06-01	환보
	련고싱	민근현	389883	천연시 생수종	황막생태	1982-01-01	임업
	태통- 공동산	평량시	16283	산지낙엽활엽 차생림	삼림생태	1982-01-01	성건
	백수강	문현 무도현	213750	야생동물	야생동물	1990-06-01	임업
	연화산	탁니 강낙현	11691	삼림	삼림생태	1982-12-01	임업
	타해-칙차	녹곡현	247431	삼림	야생동물	1995-10-01	임업
	맹달	순화자치현	17290	삼림	삼림생태	1980-04-01	임업
	소농산	휘현 양당현	31938	희귀동물	야생동물	1982-11-01	임업
	염지만	숙북몽고족 자치현	1360000	희귀동물	야생동물	1982-03-01	임업
	안남패야 낙타	아극새합융 극족자치현	396000	황막초원	야생동물	1982-01-01	임업

출처: 黃柏炎·劉洁生 編著, 『自然保護概論』, 華中科技大學出版社, 2007, p.250;pp.269-271.

요즘 자연보호구역은 중국의 어느 지역을 여행하더라도 조금만 자연생태에 관심을 가지면 쉽게 만날 수 있다. 나는 그런 곳을 찾아간다. 이 같은 중국의 자연보호구역의 설정은 모택동 정부의 뒤를 이은 등소평 정부의 등장과 밀접한 관계가 있다. 모택동 정부는 중화인민공화국을 설립한 후 이른 바

대약진운동과 문화대혁명을 거치면서 자연생태를 오히려 파괴했다. 특히 대약진운동은 무리하게 기술개발 없이 인력을 동원한 토지이용의 극대화를 추구했기 때문에 산림 훼손이 심각했다. 그러나 등소평 정부의 개방정책은 기술개발을 통해 생산력 증가시키고, 해외자본을 통해 경제성장을 꾀함과 동시에 삼림에 대한 법체계를 갖추었기 때문에 상대적으로 산림훼손을 방지할 수 있었다. 2000년대에 중국의 삼림면적이 20%대로 접어들 수 있었던 것도 개방이후의 정책을 계승했기 때문이다. 아래의 〈표 7〉을 통해서 중국역대 삼림면적을 확인할 수 있다.

〈표 7〉 중국 역대 삼림자원 및 인구

연도	삼림부개율/%	인구/만
180만 년 전-2070	64-60	140
기원전2069-221/선진시대	60-46	140-2000
진한(기원전 221-220)	46-41	2000-6500
위진남북조(220-589)	41-37	3800-5000
수당(589-907)	37-33	5000-8300
오대요송금하(907-1279)	33-27	3000-13000
원(1279-1368)	27-26	6000-10400
명(1368-1644)	26-21	6500-15000
청전기(1644-1840)	21-17	8164-41281
청후기(1840-1911)	17-15	37200-43189
민국시기(1911-1949)	15-12.5	37408-54167
중화인민공화국 (1949-1999)	12.5-16.55(인공조림포함)	54167-129533

출처: 樊寶敏·李智勇 著,『中國森林生態史引論』, 科學出版社, 2008, p.37.

삼림부개률에 대한 통계는 정확하지 않지만, 한 가지 분명한 것은 중국의 삼림이 중화인민공화국의 성립 이전까지 지속적으로 감소하고 있다는 사실이다. 아울러 삼림의 면적은 인구의 증가와 밀접한 관계가 있다는 사실도 확인할 수 있다. 삼림면적이 가장 낮은 청대의 경우 인구는 가파르게 증가하여 무려 5억을 넘었다. 급격한 인구 증가는 삼림면적의 반비례를 낳았던 것이다. 또 다른 통계를 통해서 중화인민공화국 성립 이후의 산림면적을 확인하면 다음과 같다.

〈표 8〉 중화인민공화국 이후 삼림자원

연대	삼림면적/h㎡	활림목축적/㎥	삼림축적/㎥	삼림부개률/%
1949	12000	116.0	108.0	12.7
1950-1962	11366	110.2	102.2	11.8
1973-1976	12166	95.3	86.6	12.7
1977-1981	11528	102.6	90.3	12.0
1984-1988	12466	105.7	91.4	12.98
1989-1993	13370	117.0	101.6	13.92
1994-1998	15894	124.9	112.7	16.55
1999-2004	17491	136.2	124.6	18.21

출처: 劉巽浩 編著, 『農業概論』, 知識産權出版社, 2007, p.95.

〈표 7〉에서 보듯이 인구증가가 반드시 삼림면적과 비례하지 않는다는 것을 의미한다. 중화인민공화국의 성립 이후 현재까지 중국의 인구는 배 이상 증가했지만, 삼림면적은 청대와 비교하면 오히려 증가했다. 근대이후 삼림면적은 인구증가 외에 과학기술발달과 밀접한 관계가 있다. 인간이 먹는 문제를 삼림에만 의지하지 않아도 괜찮은 단계에 도달하면 삼림면적은 증가할 수 있다. 기술발달과 더불어 중요한 부분은 삼림에 대한 철학이다. 삼림이 인간의 삶과 어떤 관계를 맺고있는지에 대한 철학이 삼림면적에 미치는 영향도 무시할 수 없기 때문이다. 그러나 과학기술과 철학도 인간의 욕망을 제어할 수 없는 경우가 생긴다. 특히 현대의 무한경쟁시대는 과학과 철학이 인간의 욕망을 통제하는 데 한계를 갖고 있다. 이런 점에서 중국의 삼림면적이 반드시 지속적으로 증가할 것이라는 보장은 없다. 다만 중국 경제의 안정적인 성장이 관건이다. 왜냐하면 경제성장 속도와 삼림면적은 비례하기 때문이다.

맺음말

한 번 사라진 숲은 생활 방식이 크게 바뀌지 않는 한 쉽게 복원할 수 없다. 따라서 중국 황사문제도 결국 중국인들의 삶이 질적으로 바뀌지 않는 한 짧은 시간에 해결할 수 없다. 황사문제는 중국인들이 나무를 '소비의 대상'이 아니라 '생산의 대상'으로, 나아가 인간과 같은 귀중한 생명체로 인식할 때만이 근본적으로 해결할 수 있는 실마리를 찾을 수 있다. 더욱이 황사문제는 중국인만의 문제가 아니라, 동북아시아의 문제로, 나아가 인류 보편의 문제로 인식할 때만이 근원적으로 해결할 수 있다. 나는 황사문제를 해결하기 위해 아직 황사문제의 근원지인 황토고원에서 한 그루의 나무를 심지 못했다. 이 책의 한계는 여전히 황사문제를 해결하기 위한 이론에 머물고 있다는 사실이다. 그나마 2015년 여름에 황토고원 중 일부인 섬서성의 서안 지역과 산서와 인접한 하남의 낙양을 직접 다녀온 것은 다행이다. 산서의 경우도 2007년 여름 대동에 다녀온 경험이 있었다. 다만 한 가지 위안으로 삼는다면 그 동안 막연하게 생각했던 각 시대별 산림훼손을 구체적인 자료를 통해 확인했다는 점이다. 황토고원에 살았던 수종을 자료를 통해 확인한 점도 큰 성과 중 하나다.

나무 심기는 황사문제의 근본적인 해결방법이다. 그 이유는 간단하다. 황사의 발생 원인이 산림을 훼손했기 때문이다. 중국 정부도 황사문제의 근본 원인이 산림훼손이라는 점을 잘 알고 있다. 그래서 중국정부도 현재

나무 심기에 국력을 쏟고 있다. 중국 정부에서 실시하고 있는 나무 심기 사례 지역 중 대표적인 곳이 섬서성의 유림(榆林)이다. 이곳은 내몽고 사막의 근원지 중 하나다. 느릅나무가 많았던 이곳이 내몽고 사막의 근원지라는 사실은 황사의 원인이 역사적인 인과관계가 있다는 점을 확인해준다. 황사의 근원지라는 오명을 얻은 유림시는 결코 처음부터 그런 지역이 아니라 숲이 울창했던 곳이기 때문이다. 섬서성 유림시에서만 그런 현상이 일어난 것이 아니라 산서성 분양현(汾陽縣)에서도 같은 일이 벌어졌다. 산서성은 '천한지척(天寒地瘠)', 즉 날씨는 춥고 땅은 척박한 곳이어서 생물이 드물었다. 특히 분양부(汾陽府)의 분양현(汾陽縣)은 인구가 조밀하고 땅이 좁았다. 이곳에서 생산한 것은 차조[秫], 맥(麥), 곡(穀), 콩[豆] 등에 불과했다. 그래서 이곳 주민들은 숯[炭]으로 가계를 보충했다. 숯은 인근의 효의현(孝義縣)에서 생산되었다. 분양현의 남쪽 주민들은 겨울과 초봄의 농한기에 수레나 당나귀를 이용해서 나무를 팔아 생계를 유지했다. 이들이 나무를 팔러 나가면 먼 곳에는 3일 만에 돌아오고, 가까운 곳에는 이틀 만에 돌아왔다.[1] 산서성 대동현의 경우도 분양현의 사정과 크게 다르지 않아 농민 중 대부분 농한기에 나무를 판매해서 가계를 보충했다.[2]

섬서성 유림과 산서성 분양현의 사례는 중국 황토고원의 산림훼손이 오랜 기간에 걸쳐 진행된 역사적인 현상이라는 점을 보여준다. 황토고원의 산림훼손이 역사적인 현상이었기 때문에 역사적인 고찰이 절실했다. 황토고원의 산림이 본격적으로 훼손되기 시작한 것은 역사시대부터였다. 역사시대는 곧 중국의 고대문명이 시작되었던 상나라에 해당한다. 흔히 은나라로 불리는 상나라는 중국에서 처음으로 문자를 창조했을 뿐 아니라 처음으로 청동기를 제작했다. 청동기의 등장은 산림훼손의 전환기였다. 청동기가 등장하기 전까지 중국인들은 돌로 만든 도구를 통해 나무를 이용했지만, 청동기는 중국인들에게 석기시대와는 전혀 다른 수준에서 나무를 이용할 수 있는

1 『光緖汾陽縣志』권10, 「雜識」, p.39.
2 『道光大同縣志』권8, 「風土」, p.2.

기회를 제공했다. 상나라를 계승한 주나라는 청동기를 통해 주변 국가를 정복하고, 늪과 산림을 제거하면서 삶의 터전을 마련했다.

춘추전국시대는 오랜 기간의 전쟁을 통해 각국 간에 치열한 생존경쟁이 진행되었다. 각국에서는 경쟁에서 살아남기 위해 부국강병 정책을 추구했고, 이 과정에서 아주 빠른 속도로 산림이 훼손되었다. 농지 확보를 위핸 각국의 개간 정책은 평지의 숲을 사라지게 만들었다. 전국을 통일한 진제국은 황궁을 비롯한 만리장성, 전국에 걸친 동시다발의 토목공사를 통해 이전 시대와는 전혀 다른 방식으로 산림을 훼손했다. 지금 남아 있는 진나라가 아주 짧은 기간에 걸쳐 완성한 제국의 문화유산은 산림훼손의 유산이다. 진나라를 이은 한나라도 제국을 유지하는데 엄청난 산림을 훼손했다. 반면 위진남북조시대는 분열의 시대라는 점과 진·한제국시대에 비하면 상대적으로 산림훼손의 속도가 더디었다. 그러나 수·당제국은 이전과 달리 인구의 증가를 비롯해 동북아시아의 패권을 추구한 정책 때문에 산림훼손의 속도도 그만큼 빨랐다. 특히 수·당제국의 대운하건설과 고구려와의 전쟁은 산림에 부정적인 영향을 주었다. 명·청제국시대는 중국 황토고원의 산림훼손의 정점이었다. 특히 청조의 등장과 인구 증가는 이전과 전혀 다른 차원의 산림훼손을 야기했다. 청대의 산림훼손은 전국적인 현상이었지만, 황토고원의 산림도 예외가 아니었다. 청대 황토고원의 산림훼손과 관련해서 주목할 것은 무분별한 벌목을 들 수 있다. 고대사회에서는 산림훼손으로 인한 재해에 대한 두려움이 존재했지만 청대에는 그런 두려움마저 사라졌다. 고대사회에서는 자연에 대한 경외감이 상당히 존재했지만 청대에는 그런 경외감이 거의 사라져버렸다.

현재 중국정부가 황토고원에 심고 있는 나무와 관련해서 관심을 가져야 할 것은 나무의 종류다. 토양과 기후는 시대에 따라 약간씩 다르지만 급격한 변화는 없다. 따라서 나무는 토양과 기후 조건이 생존에 매우 중요하다. 사막에서 나무가 살아남기 위해서는 물 없이 오래 버틸 수 있어야 한다. 이런 조건에 적합한 나무는 그다지 많지 않아 대략 5-9종에 불과하다. 특히 연구 결과 버드나뭇과의 백양나무(사시나무) 같은 포플러 계통이 가장 효율적이다. 포플러 계통은 뿌리를 내릴 때까지만 물을 주면 이후에는 잘 생장한다. 포플러 묘목이 뿌리를 내리는 데는 걸리는 기간은 2-3년이다. 우리나라의 경우 포플러 묘목이 뿌리를 내리는 확률(활착률)은 우리나라에선 90-95% 정도지만, 사막에서는 결코 이런 수준을 유지할 수 없다. 중국에서 개량한 이른바 '사막버드나무'의 활착률은 겨우 30% 안팎이다. 따라서 사막에 가장 적합한 수종인 포플러를 황토고원에 심더라도 빠른 시일 안에 녹화사업을 성공시키기란 결코 쉽지 않다. 백양나무와 함께 황토고원에 적합한 나무는 장미과의 살구나무다.

〈사진 61〉 숭양서원 살구나무

백양나무와 살구나무 외에 사막에 적합한 나무는 측백나뭇과의 측백나무다. 현재 중국 황하 유역의 산에는 측백나무를 조림한 경우를 쉽게 볼 수 있다. 측백나무는 백양나무와 살구나무와 함께 황토고원은 물론 중국 북부 지역의 대표적인 나무다. 특히 백양나무와 살구나무가 피지배층의 나무인 반면 측백나무는 지배층의 나무였다. 그러나 측백나무는 백양나무와 살구나무에 비해 재질이 좋은 반면 성장 속도가 느린 게 약점이다. 이런 점에서 측백나무는 두 종류의 나무보다 선호도가 낮을 수밖에 없다. 다만 중국이 황토지대에 측백나무를 심은 것은 이 나무가 갖는 특징을 충분히 고려했기 때문이다. 측백나무는 성장 속도는 느리지만, 백양나무와 살구나무에 비해 목재로서의 가치는 물론 오래 산다는 장점을 갖고 있다. 장기적인 안목에서 본다면 측백나무는 두 종류의 나무 못지않은 가치를 지니고 있다.

사막방지를 위해 선택한 세 종류의 나무와 관련해서 반드시 짚어야 할 것은 이들 나무의 역사성이다. 현재 중국에서는 황토고원의 자연생태를 복원하기 위해서 다각도로 연구하고 있다.[3] 그러나 황토고원의 자연생태 복원 연구에서는 나무의 역사성에 대해서는 관심을 갖지 않고 있다. 현재 황토고원에 심고 있는 나무들은 모두 고대부터 존재했다. 따라서 현재 황토고원에 심고 있는 나무들은 모두 전통을 계승한 셈이다. 나무 심기에서 전통을 계승한다는 사실은 특별한 의미를 갖는다. 황토고원의 사막화가 하루아침에 발생하지 않았듯이, 한 그루의 나무도 결코 하루아침에 인간과 만나지 않았다. 현재 황토고원에 백양나무와 살구나무, 그리고 측백나무를 심는다는 것은 이 나무들을 고향으로 돌려보내는 것을 의미한다. 나무심기를 통한 황토고원의 복원사업은 단순히 나무를 심는 사업이 아니라 인간이 고대부터 황토고원에 살았던 나무와 화해하는 과정이다. 이처럼 황토고원의 나무 심기는 인간의 나무에 대한 깊은 철학을 담고 있어야 한다. 그래야만 인간이 다시 황토고원 같은 상태를 만들지 않을 것이기 때문이다.

황토고원의 사막화에 따른 황사문제는 이제 중국만의 문제가 아니라 우리 자신의 문제라는 인식이 절실하다. 최근 우리나라에서도 황토고원에 직접 가서 나무를 심는 사례가 있지만, 단순히 황토고원에 가서 나무를 심는 데 그쳐서는 안 된다. 현재 가장 시급한 과제는 생태교육이다. 그러나 현재 우리나라의 교육현장에는 생태교육은커녕 인식조차 턱없이 부족한 실정이다. 특히 지식인조차도 생태의식이 한참 결여되어 있다. 생태교육은 결국 국가차원에서 교육과정을 통해 시행하지 않으면 결코 성공할 수 없다. 하루빨리 교과과정을 통해 생태교육을 실시하지 않으면 결코 우리는 스스로 선진사회를 만들 수 없다.

---

3 程積民 等 編著, 『黃土高原草原生態系統研究』, 科學出版社, 2014 참조.

참고문헌

趙永翔,「南山老林:淸代秦嶺南麓林區治理與生態環境」,『中國農史』, 2015-3.

王樹芝 · 趙志軍 · 馮廣平,「梓樹 · 楸樹的考古發現及其文化芻議」,『農業考古』, 2015-1.

周峰,「金代植樹考述」,『農業考古』, 2015-4.

『中國地方志集成』,「山西府縣志輯」, 鳳凰出版社, 2009.

『中國地方志集成』,「甘肅府縣志輯」, 鳳凰出版社, 2009.

『中國地方志集成』,「陝西府縣志輯」, 鳳凰出版社, 2009.

池載熙 · 李俊寧 解譯,『周禮』, 자유문고, 2002.

酈道元, 思念林 外 譯,『水經注上』, 華夏出版社, 2006.

成百曉 譯註,『孟子集註』, 傳統文化研究會, 1991.

祁嶲藻 著, 高恩廣 · 胡輔華 注釋,『馬首農諺注釋』, 中國農業出版社, 1999.

民衆書林編輯局 編,『漢韓大字典』, 民衆書林, 2011.

李時珍,『本草綱目下』, 人民衛生出版社, 2002.

王圻 · 王思義 輯,『三才圖會』, 成文出版社, 1970.

文震亨, 海軍 · 田君 注釋,『長物志圖說』, 山東畵報出版社, 2004.

朱橚,『救荒本草』, 商務印書館, 1983.

徐光啓, 陳煥良 · 羅文華 校注,『農政全書上下』, 岳麓書社. 2002.

嗚其濬, 楊家駱 主編,『植物名實圖考上下』, 世界書局, 1975.

嗚其濬, 楊家駱 主編,『植物名實圖考長編上下』, 世界書局, 1976.

陝西省考古研究所 · 楡林市文物保護研究所 編著,『神木新華』, 科學出版社, 2005.

元刻大字本, 石聲漢 校注, 최덕경 역주,『농상집요』, 세창출판사, 2012.

王毓瑚 校, 『王禎農書』, 農業出版社, 1981.
高誘[注], 『戰國策』, 中華書局, 1966.
何清谷, 『三輔黃圖校釋』, 中華書局, 2005.
包世臣, 『安吳四種』, 文海出版社, 1973.
상앙 지음, 우재호 옮김, 『상군서』, 소명출판, 2005.
성백효, 『시경집전(상하)』, 전통문화연구회, 2010.
순자, 이운구 옮김, 『순자2』, 한길사, 2006.
범승지, 구자옥 등 역주, 『범승지서』, 한국농업사학회, 2007.
가사협 편찬, 구자옥 등 역주, 『제민요술』, 한국농업사학회, 2007.
박원호 외, 『명사식화지역주』, 소명출판, 2008.
이충구 · 임재완 · 김병헌 · 성당제 역주, 『이아주소4』, 소명출판, 2004.
이충구 · 임재완 · 김병헌 · 성당제 역주, 『이아주소5』, 소명출판, 2004.
반고 저, 신정근 역주, 『백호통의』, 소명출판, 2005.
서정 지음, 매지고전강독회 옮김, 『모시명물도설』, 소명출판, 2013.
사마천 지음, 예벤인민출판사 고전 번역팀 엮어옮김, 『사기열전』, 서해문집, 2011.
정학유 지음, 허경진 · 김형태 옮김, 『詩名多識』. 한길사, 2007.
정재서 역주, 『산해경』, 민음사, 2001.
유흠, 김장환, 『서경잡기』, 지만지, 2008.
유흠(갈홍 엮음), 『서경잡기』, 지식을만드는지식, 2012,
梁芳雄 集解, 『초간노자』, 예경, 2003.
유종원 지음, 오수형 · 이석형 · 홍승직 옮김, 『유종원집4』, 소명출판, 2009.
백련선사간행회, 『趙州錄』, 藏經閣, 1996.
안동림 역주, 『벽암록』, 현암사, 2014.
『조선왕조실록』(http://db.itkc.or.kr/)
『승정원일기』(http://db.itkc.or.kr/)
『각사등록』(http://db.itkc.or.kr/)
김추윤 · 장삼환, 『중국의 국토환경』, 대륙연구소출판부, 1995.
최덕경, 『중국고대 산림보호와 환경생태사 연구』, 신서원, 2009.

P.E. 빌 지음, 정철웅 옮김, 『18세기 중국의 관료제도와 자연재해』, 민음사, 1995.

마크 엘빈 지음, 정철웅 옮김, 『코끼리의 후퇴』, 사계절, 2011.

재레드 다이아몬드 지음, 강주헌 옮김, 『문명의 붕괴』, 김영사, 2005.

신성곤 · 윤혜영, 『한국인을 위한 중국사』, 서해문집, 2004.

강판권, 『역사와 문화로 읽는 나무사전』, 글항아리, 2010.

강판권, 『중국을 낳은 뽕나무』, 글항아리, 2008.

강판권, 『공자가 사랑한 나무 장자가 사랑한 나무』, 민음사, 2003.

이어령, 『소나무』, 종이나라, 2005.

梁四寶, 『明淸北方資源環境變遷與經濟發展』, 高等教育出版社, 2010.

史念海, 『黃土高原』, 黃河水利出版社, 2002.

張弘, 『戰國秦漢時期商人和商業資本研究』, 齊魯書社, 2003,

李文海 等, 『中國近代十大災荒』, 上海人民出版社, 1994.

董繼斌 · 景占魁 主編, 『晉商與中國近代金融』, 山西經濟出版社, 2002.

丁言謨 編著, 『天下晉商』, 廣東經濟出版社, 2002.

史爲樂 主編, 『中國地名語源辭典』, 上海辭書出版社, 1995.

李文海 外, 『中國近代十代災荒』, 上海人民出版社, 1994.

李向軍, 『淸代荒政研究』, 中國農業出版社, 1995.

李心純, 『黃河流域與綠色文明-明代山西河北的農業生態環境』, 人民出版社, 1999.

潘富俊, 『詩經植物圖鑑』, 上海書店出版社, 2003.

陳明猷 點校, 『乾隆寧夏府志上』, 寧夏人民出版社, 1992.

楊新才 編著, 『寧夏農業史』, 中國農業出版社, 1988.

趙珍, 『淸代西北生態變遷研究』, 人民出版社. 2005.

王紅誼 · 惠富平 · 王思明, 『中國西部農業開發史研究』, 中國農業科學技術出版社, 2003.

黃柏炎 · 劉浩生 編著, 『自然保護概論』, 華中科技大學出版社, 2007.

樊寶敏 · 李智勇 著, 『中國森林生態史引論』, 科學出版社, 2008.

劉巽浩 編著, 『農業概論』, 知識產權出版社, 2007.

朱淸科 · 張岩 等, 『陝北黃土高原』, 科學出版社, 2012.

程積民 等 編著, 『黃土高原草原生態系統研究』, 科學出版社, 2014.

부 록

중국 황토고원의 나무 종류와 학명 설명

소나무/소나뭇과/*Pinus densiflora* Siebold & Zuccarini

학명 중 속명 피누스(*Pinus*)는 켈트어로 '산'을 의미한다. 종소명 덴시플로라(*densiflora*)는 '빽빽하게 돋아나는 꽃이 있다'는 뜻이다. 소나무의 한자는 송(松)이다.

측백나무/측백나뭇과/*Thuja orientalis* L.

학명 중 속명 투야(*Thuja*)는 '나무의 진', 즉 수지(樹脂)를 의미하는 그리스어 티아(thya) 혹은 '향기'를 의미하는 투에인(thuein)에서 유래했다. 종소명 오리엔탈리스(*orientalis*)는 원산지가 '동방 (東方) 혹은 동부(東部)'이라는 뜻이지만 어느 지역을 의미하는지 분명하지 않다. 측백(側柏)나무는 한자 이름이다.

호두나무/가래나뭇과/*Juglans sinensis* (DC.) Dode

학명 중 속명 주그란스(*Juglans*)는 고대 라틴명이며, 주피터의 견과를 의미하는 '조비스 그란스(Jovis glans)'에서 유래했다. 종소명 시넨시스(*sinensis*)는 원산지가 '중국'이라는 뜻이다. 호두는 '호도(胡桃)'의 한자에서 유래했다.

자작나무/자작나뭇과/*Betula platyphylla* var. *japonica* Hara

학명 중 속명 비투멘(bitumen)은 베툴라(Betula)에서 유래했으며, 원유와 아스팔트 같은 여러 탄화수소의 명칭을 의미한다. 종소명 플라티필라(*platyphylla*)는 '넓은 잎'을, 야포니카(*japonica*)는 원산지가 '일본'이라는 뜻이다. 자작나무는 나무를 태우면 '자작자작' 소리 나는 데서 유래했다. 자작나무의 한자는 '화(樺)'다.

후박나무/녹나뭇과/*Machilus thunbergii* Siebold et Zuccarini

학명 중 속명 마킬루스(*Machilus*)는 인도의 '마킬란(Makilan)' 지명이 라틴어로 바뀐 것이다. 종소명 툰베르기이(*thunbergii*)는 스웨덴의 식물학자 툰베르그(Thunberg, CP. 1743-1828)를 의미한다. 후박(厚朴)나무는 한자 이름이다.

닥나무/뽕나뭇과/*Broussonetia kazinoki* Siebold

학명 중 속명 브로우소네티아(*Broussonetia*)는 프랑스 몽펠리의 의사이며, 자연과학자인 브루소네(Broussonet, 1761-1807)를 의미한다. 종소명 가지노기(かじのき)는 '구지뽕나무'를 의미하는 일본어다. 닥나무의 한자는 저(楮)다.

매실나무/장미과/*Prunus mume* Siebold & Zuccarini

학명 중 속명 프루누스(*Prunus*)는 장미과의 '자두'를 의미한다. 종소명 무메(*mume*)는 '매실'을 의미하는 일본어 우메(うめ)를 뜻한다. 매실(梅實)나무는 한자 이름이다.

복사나무/장미과/*Prunus persica* Batsch

학명 중 속명 프루누스(*Prunus*)는 장미과의 '자두'를 의미한다. 종소명 페르시카(*persica*)는 원산지가 '페르시아(지금의 이란)'라는 뜻이다. 복사나무의 한자는 도(桃)다.

팥배나무/장미과/*Eucommia ulmoides* Oliver

학명 중 속명 에우코미아(*Eucommia*)는 '좋다'를 의미하는 '에우(eu)'와 '고무'를 의미하는 '코미(commi)'의 합성어이다. 종소명 울모이데스(*ulmoides*)는 '느릅나무와 비슷하다'는 뜻이다. 팥배나무의 한자는 감당(甘棠)이다.

자두/장미과/*Prunus salicina* Lindley

학명 중 속명 프루누스(*Prunus*)는 '자두'를 의미한다. 종소명 살리키나(*salicina*)는 '버드나무 속과 비슷하다'는 뜻이다. 자두는 한자 '자도(紫桃)'에서 유래했다.

밤나무/참나뭇과/Castanea crenata Siebold et Zuccarini

학명 중 속명 카스타네아(*Castanea*)는 '밤'을 의미하는 그리스어 '카스타나(castana)'에서 유래했다. 종소명 '크레나타(*crenata*)'는 '톱니가 있는' 뜻이다. 밤나무의 한자는 율(栗)이다.

이나무/이나뭇과/*Idesia polycarpa* Maximowicz

학명 중 속명 이데시아(*Idesia*)는 네덜란드의 식물학자 '이데스(E. Ysbrant Ides)'를 의미한다. 종소명 폴리카르파(*polycarpa*)는 '열매가 많은'을 의미한다. 이나무는 한자 '의(椅)'에서 유래했다.

오동/현삼과/*Paulownia coreana* Uyeki

학명 중 속명 파울로브니아(*Paulownia*)는 네덜란드의 식물하자 지볼트가 연구에 후원을 받은 네덜란드의 여왕 안나 파울로우나(Paulowna, 1795-1865)를 기념하기 위해 붙인 것이다. 종소명 코레아나(*coreana*)는 원산지가 '한국'이라는 뜻이다. 오동(梧桐)은 한자 이름이다.

개오동/능소화과/*Catalpa ovata* G. Don

학명 중 속명 카탈파(*Catalpa*)는 '북아메리카 인디언의 토착어'다. 종소명 오바타(*ovata*)는 '계란형'을 의미한다. 개오동은 '가짜' 오동을 의미한다.

옻나무/옻나뭇과/*Rhus verniciflua* Stokes

학명 중 속명 루스(*Rhus*)는 옻나무를 의미하며, 그리스어 '로우스(rhous)'에서 왔다. 종소명 베르니키플루아(*verniciflua*)는 '윤기 있다'는 뜻이다. 옻나무의 한자는 칠(漆)이다.

뽕나무/뽕나뭇과/*Morus alba* L.

학명 중 속명 모루스(*Morus*)는 '흑(黑)'을 의미하는 켈트어 '모르(mor)'에서 유래했다. 뽕나무의 열매를 의미하는 지중해 지역의 단어인 모론(*moron*)은 '불행'을 뜻하는 '모로스(*moros*)'와 유사하다. 종소명 알바(*alba*)는 '흰색'을 의미한다. 뽕나무의 한자는 상(桑)이다. '상'은 야생 뽕나무를 개량한 집 뽕나무를 의미한다.

모과나무/장미과/*Chaenomeles sinensis* Koehne

학명 중 속명 카이노멜레스(*Chaenomeles*)는 '갈라지다'는 뜻을 가진 그리스어 '카이노(chaino)'와 '사과'를 뜻하는 멜론(melon)의 합성어다. 종소명 시넨시스(*sinensis*)는 원산지가 '중국'이라는 의미다. 모과나무는 한자 '목과(木瓜)'에서 유래했다.

구기자/가지과/*Lycium chinense* Miller

학명 중 속명 리키움(Lycium)은 중앙아시아의 리키아(Lycia)에서 자라는 가시가 많은 키 작은 나무 '리키온(lycion)'에서 빌린 말이다. 종소명 키넨세(*chinense*)는 원산지가 '중국'이라는 뜻이다.

무궁화/아욱과/*Hibiscus syriacus* L.

학명 중 속명 히비스쿠스(*Hibiscus*)는 '무궁화'를 의미하는 라틴어다. 종소명 시리아쿠스(*syriacus*)는 원산지가 '시리아'라는 뜻이다.

버드나무/버드나뭇과/*Salix koreensis* Andersson

학명 중 속명 살릭스(*Salix*)는 '가깝다'를 의미하는 켈트어 '살(sal)'과 물을 의미하는 '리스(lis)'의 합성어다. 이는 이 나무가 물에 잘 자란다는 것을 의미한다. 종소명 코렌엔시스(*koreensis*)는 원산지가 '한국'이라는 뜻이다.

개암나무/자작나뭇과/*Corylus heterophylla* var. *thunbergii* Blume

학명 중 속명 코릴루스(*Corylus*)는 '투구'를 의미하는 그리스어 '코리스(corys)'에서 유래했다. 종소명 '헤테로필라(*heterophylla*)'는 '잎이 다른'을 의미한다. 또 하나의 종소명 툰베르기이(*thunbergii*)는 스웨덴의 식물학자 '툰베르그(Thunberg)'를 의미한다.

느릅나무/느릅나뭇과/*Ulmus davidiana* var. *japonica* Nakai

학명 중 속명 울무스(*Ulmus*)는 라틴 고명이며 켈트어 '엘름(Elm)'에서 왔다. 엘름은 느릅나무를 뜻한다. 종소명 다비디아나(*davidiana*)는 중국 식물 채집가이면서 선교사였던 데이비드(A. David)를 말한다. 또 하나의 종소명 야포니카(*japonica*)는 원산지가 '일본'이라는 뜻이다.

감탕나무/감탕나뭇과/*Ilex integra* Thunberg

학명 중 속명 일렉스(*Ilex*)는 '서양호랑가시[holly]'를 말한다. 종소명 인테그라(*integra*)는 '전체가 푸른[全綠]'을 뜻한다.

돌배나무/장미과/*Pyrus pyrifolia* Nakai

학명 중 속명 피루스(*Pyrus*)는 배나무의 라틴어 옛 이름이다. 종소명 피리폴리아(*pyrifolia*)는 '배나무의 잎을 닮았다'는 뜻이다.

대추나무/갈매나뭇과/*Zizyphus jujuba* var. *inermis* Rehder

학명 중 속명 지지푸스(*Zizyphus*)는 아랍명 지존프(zizonf)가 희랍명 지지폰(ziziphon)으로, 지지폰이 다시 현대명으로 바뀌었다. 종소명 유유바(*jujuba*)는 아랍명이다. 또 하나의 종소명 이네르미스(*inermis*)는 '가시가 없는'을 의미한다.

가죽나무/소태나뭇과/*Ailanthus altissima* Swingle

학명 중 속명 아일란투스(*Ailanthus*)는 '아일란토(aylanto)'라는 인도네시아의 몰루카(Molucca)어에서 유래한 '하늘의 나무'를 뜻한다. 종소명 알티시마(*altissima*)는 '키가 매우 큰'이라는 뜻이다.

멀구슬나무/멀구슬나뭇과/*Melia azedarach* var. *japonica* Makino

학명 중 속명 멜리스(*Melis*)는 그리스어로 '물푸레나무의 이름'을 의미한다. 왜냐하면 멀구슬나무의 잎이 물푸레나무와 닮았기 때문이다. 종소명 야포니카(*japonica*)는 원산지가 '일본'이라는 뜻이다.

광나무/물푸레나뭇과/*Ligustrum japonicum* Thunberg

학명 중 속명 리구스트룸(*Ligustrum*)은 고대 이탈리아에 있었던 '리구리아(Liguria)'의 형용사다. 종소명 야포니쿰(*japonicum*)은 원산지가 '일본'이라는 뜻이다.

떡갈나무/참나뭇과/*Quercus dentata* Thunberg

학명 중 속명 퀘르쿠스(*Quercus*)는 켈트어의 '질이 좋은' 뜻을 가진 '퀘르(quer)'와 '재목'을 의미하는 '퀘즈(cuez)'의 합성어이다. 퀘르쿠스는 '질이 좋은 재질'이라는 뜻이다. 종소명 '덴타타(*dentata*)'는 '뾰족한 톱니'를 의미한다.

두릅나무/두릅나뭇과/*Aralia elat* Seem

학명 중 아랄리아(*Aralia*)는 캐나다 퀘벡의 의사인 사라신(Sarrasin)이 보낸 두릅나무 표본(標本)에 프랑스 식물학자 뚜르네포르(Tournefort, 1656-1708)가 붙인 지명이다. 종소명 엘라트(*elat*)는 '가지 끝'을 의미한다. '가지 끝'은 새순을 강조한 것이다.

위성류/위성류과/*Tamarisk chinensis* Loureiro

학명 중 속명 타마리스크(*Tamarisk*)는 '피레네 산맥의 타마리스 강 유역에 많이 산다'는 뜻이다. 종소명 키넨시스(*chinensis*)는 원산지가 '중국'이라는 듯이다.

느티나무/느릅나뭇과/*Zelkova serrata* (Thunb.) Makino

학명 중 속명 젤코바(*Zelkova*)는 코카서스(Caucasus)에서 자라는 카르피니폴리아(*Z. carpinifolia*)의 토착어이고, 젤코우아(Zelkoua)에서 유래했다. 종소명 세라타(*serrata*)는 '톱니가 있는' 뜻이다.

상수리나무/참나뭇과/*Quercus acutissima* Carruthers

학명 중 속명 퀘르쿠스(*Quercus*)는 켈트어의 '질이 좋은' 뜻을 가진 '퀘르(quer)'와 '재목'을 의미하는 '퀘즈(cuez)'의 합성어이다. 종소명 아쿠티시마(*acutissima*)는 '잎이 가장 뾰족하다'는 뜻이다.

칡/콩과/*Pueraria thunbergiana* Bentham

학명 중 속명 푸에라리아(*Pueraria*)는 스위스의 식물학자 '푸에라리(Marc. N. Puerari, 1765-1845)'를 의미한다. 종소명 툰베르기아나(*thunbergiana*)는 스웨덴의 식물학자 툰베르그(Thunberg)를 뜻한다.

능소화/능소화과/*Campsis grandiflora* (Thunb.) K. Schum.

학명 중 속명 캄프시스(*Campsis*)는 그리스어 '만곡(彎曲)'을 의미하는 '캄프시스(campsis)'에서 유래했다. 종소명 그란디플로라(*grandiflora*)는 '꽃이 크다'는 뜻이다.

등/콩과/*Wisteria floribunda* De Candolle

학명 중 속명 비스테리아(*Wisteria*)는 미국 필라델피아의 유명한 해부학자인 '위스테리아'를 기념해서 붙인 이름이다. 종소명 플로리분다(*floribunda*)는 '꽃이 많다'는 뜻이다.

시무나무/느릅나뭇과/*Hemiptelea davidii* (Hance) Planchon

학명 중 속명 헤미프텔레아(*Hemiptelea*)는 '열매가 날개의 반 정도'라는 뜻이다. 종소명 다비디이(*davidii*)는 프랑스 신부 '다비드(David)'를 말한다.

붉나무/옻나뭇과/*Rhus chinensis* Mill

학명 중 속명 루스(*Rhus*)는 옻나무와 같다. 종소명 키넨시스(*chinensis*)는 원산지가 '중국'이라는 뜻이다.

헛개나무/갈매나뭇과/*Hovenia dulcis* Thunbergii

학명 중 속명 호베니아(*Hovenia*)는 네덜란드 선교사 '호벤(David v. d. Hoven)'을 의미한다. 종소명 둘키스(*dulcis*)는 '단[甘]'을 의미한다.

호랑가시나무/감탕나뭇과/*Ilex cornuta* Lindley

학명 중 속명 일렉스(Ilex)는 '서양호랑가시(holly)'를 의미한다. 종소명 코르누타(*cornuta*)는 '각(角) 있는'을 의미한다.

산사나무/장미과/*Crataegus pinnatifida* Bunge

학명 중 속명 크라타이구스(*Crataegus*)는 '힘'을 의미하는 그리스어 '크라토스 (kratos)'와 '갖다'를 의미하는 '아게인(agein)'의 합성어다. 종소명 피나티피다(*pinnatifida*)는 '잎의 가장자리가 깊게 갈라진다'는 뜻이다.

가막살나무/인동과/*Viburnum dilatatum* Thunberg

학명 중 속명 로니케라(*Lonicera*)는 16세기 독일의 수학자이자 식물채집가인 '로니체르(Lonitzer)'를 의미한다. 종소명은 딜라타툼(*dilatatum*)은 '넓어진'을 의미한다.

단풍나무/단풍나뭇과/*Acer palmatum* Thunberg

학명 중 속명 아케르(*Acer*)는 '갈라진다'는 뜻이다. 종소명 팔마툼(*palmatum*)은 '장상(掌狀)', 즉 '손바닥 모양'을 뜻한다.

중국단풍/단풍나뭇과/*Acer buergerianum* Miq.

학명 중 속명은 단풍나무와 같다. 종소명 부에르게리아눔(*buergerianum*)은 일본 식물 채집가인 '부에르게르(Buerger, 1804?-1858)'를 의미한다.

앵도/장미과/*Prunus tomentosa* Thunberg

학명 중 속명은 자두나무와 같다. 종소명 토멘토사(tomentosa)은 '잔털이 많다'는 뜻이다.

삼나무/낙우송과/*Cryptomeria japonica* (L.fil.) D.Don

학명 중 속명 크리프토메리아(*Cryptomeria*)는 '숨은'을 의미하는 그리스어 크리프토스(cryptos)와 '끈'을 의미하는 타이니아(tainia)의 합성어다. 종소명 야포니카(*japonica*)는 원산지가 '일본'이라는 뜻이다.

회화나무/콩과/*Sophora japonica* L.

학명 중 소포라(*Sophora*)는 린네가 어떤 종에 대한 아랍을 전용한 이름이다. 종소명 야포니카(*aponica*)는 원산지가 '일본'이라는 뜻이다.

살구나무/장미과/*Prunus armeniaca* var. *ansu* Maximowicz

학명 중 속명은 자두나무와 같다. 종소명 아르메니아카(*armeniaca*)는 흑해연안의 '아르메니아'를 뜻한다. 또 다른 종소명 안수(*ansu*)는 '살구'를 뜻하는 일본어 '안즈(あんず)'다.

사과나무/장미과/*Malus pumila* var. *dulcissima* Koidzumi

학명 중 속명 말루스(*Malus*)는 '사과'를 뜻하는 희랍어 '말론(malon)'에서 유래했다. 종소명 푸밀라(*pumila*)는 '키가 작다'는 뜻이다. 또 다른 종소명 둘키시마(*dulcissima*)는 '매우 달다'의 뜻이다.

감나무/감나뭇과/*Diospyros kaki* Thunberg

학명 중 속명 '디오스피로스(*Diospyros*)'는 주피터의 신인 '디오스(dios)'와 '곡물'을 의미하는 '피로스(pyros)'의 합성어다. 종소명 카키(*kaki*)는 일본 말이다. 우리가 흔히 감

색, 즉 시색(柹色)을 의미할 때 카키(かき)는 바로 감나무의 잎이다. 그래서인지 영어권에서는 감나무를 일본 감나무(Japanese persimmon)로 표기하고 있다.

치자나무/꼭두서니과/*Gardenia jasminoides* for. *grandiflora* Makino

학명 중 속명 가르데니아(*Gardenia*)는 미국의 식물학자 가든(A. Garden, 1730-1792)을 의미한다. 종소명 야스미노이데스(*jasminoides*)는 '재스민(jasmine)을 닮았다'는 뜻이다. 이는 치자나무의 꽃향기를 재스민에 비유한 것이다. 또 다른 종소명 그란디플로라(*grandiflora*)는 '큰 꽃'을 의미한다.

녹나무/녹나뭇과/*Cinnamomum camphora* (L.) J. Presl

학명 중 속명 키나모뭄(*Cinnamomum*)은 '계피(桂皮)'를 의미하는 그리스어다. '말다'를 의미하는 '키네인(cinein)'과 '말할 수 없는'을 의미하는 '아모모스(amomos)'의 합성어다. 종소명 캄포라(*camphora*)는 '장뇌(樟腦)'를 의미하는 아랍어다.

참죽나무/멀구슬나뭇과/*Cedrela sinensis* A. Jussieu

학명 중 속명 케드렐라(*Cedrela*)는 '케드루스(Cedrus)'의 축소형(縮小型)이며, 목재가 케드루스와 비슷하게 때문에 붙인 이름이다. 케드루스는 '향나무'를 의미하는 그리스어 '케드론(kedron)'에서 유래했다. 종소명 시넨시스(*sinensis*)는 원산지가 '중국'이라는 뜻이다. 참죽나무는 가죽나무와 비교해서 '진짜가죽나무'라는 뜻이다.

조각자나무/콩과/*Gleditsia sinensis* Lamarck

학명 중 속명 글레트시아(*Gleditsia*)는 린네와 동시대 인물이었던 독일의 식물학자 Johann Gottlieb Gleditsch(1714-1786)를 의미한다. 종소명 시넨시스(*sinensis*)는 원산지가 '중국'이라는 뜻이다. 조협수(皁莢樹)에서 유래했다.

은행나무/은행나뭇과/*Ginkgo biloba* L.

학명 중 속명 킹쿄(*Ginkgo*)는 학명을 붙인 린네가 은행의 일본어 발음 '긴난(Ginnan)'을 잘못 읽고 붙인 이름이다. 종소명 빌로바(*biloba*)는 '두 갈래로 갈라진 잎'을 의미한다. 은행(銀杏)은 '은빛 살구'를 의미하는 한자다.

귤/운향과/*citrus unshiu* Markovich

학명 중 속명 키트루스(*Citrus*)는 '상자(箱子)'를 의미하는 그리스어 '키트론(kitron)'에서 유래했다. 종소명 운시우(*unshiu*)는 중국 절강성(浙江省) '온주(溫州)'의 일본식 표기다. 귤(橘)은 한자 이름이다.

비파나무/장미과/*Eriobotrya japonica* Lindley

학명 중 속명 에리오보트리아(*Eriobotrya*)는 그리스어 '부드러운 털'을 의미하는 '에리온(erion)'과 '포도'를 의미하는 '보트리스(botrys)'의 합성어다. 종소명 야포니카(*aponica*)는 원산지가 '일본'이라는 뜻이다. 비파(枇杷)나무는 잎의 모양이 악기 '비파(枇杷)'를 닮아 붙인 이름이다.

포도/포도나뭇과/*Vitis vitaceae* L.

학명 중 속명 비티스(*Vitis*)는 '생명'을 의미하는 라틴의 옛말 '비타(vita)'에서 온 말이다. 종소명 비타케아이(*vitaceae*)는 뜻을 알 수 없다. 포도(葡萄)는 한자 이름이다.

오갈피/두릅나뭇과/*Acanthopanax sessiliflorus* (Rupr. et Max.) Seemen

학명 중 속명 아칸토파낙스(*Acanthopanax*)는 '가시'를 의미하는 그리스어 '아칸타(akantha)'와 '인삼 속(屬)'을 의미하는 '파낙스(panax)'의 합성어'이다. 종소명 세실리플로루스(*sessiliflorus*)는 '대가 없는 잎'을 말한다. 오갈피는 한자 오가피(伍加皮)에서 유래했다.

고욤나무/감나뭇과/*Diospyros lotus* L.

학명 중 속명은 감나무와 같다. 종소명 '로투스(*lotus*)'는 그리스 말이지만 뜻을 정확히 알 수 없다. 고욤나무의 한자는 소시(小柹), 즉 '작은 감나무'다.

박달나무/자작나뭇과/*Betura schmidtii* Regel

학명 중 속명은 자작나무와 같다. 종소명 스크미드티이(*schmidtii*) 는 자작나무 연구자인 '슈미트(F. Schmidt, 1751-1834)'를 의미한다. 박달나무의 한자는 단목(檀木) 혹은 박달목(朴達木)이다.

갯버들/버드나뭇과/*Salix gracilistyla* Miquel

학명 중 속명은 버드나무와 같다. 종소명 그라킬리스틸라(*gracilistyla*)는 '가늘게 자라는 암술 대'를 의미한다. 갯버들은 '강가에 사는 버들'을 의미한다.

전나무/소나뭇과/*Abies holophylla* Maximowicz

학명 중 속명 아비에스(*Abies*)는 '젓나무'를 의미하는 라틴이름이다. 종소명 홀로필라(*holophylla*)는 '갈라지지 않는 잎'을 뜻한다. 우리나라에서 전나무를 의미하는 한자는 회(檜)다. 그러나 중국에서는 향나무를 뜻한다. 전나무를 뜻하는 또 다른 한자는 종(樅)이다.

해당화/장미과/*Rosa rugosa* Thunberg

학명 중 속명 로사(*Rosa*)는 '장미'를 의미하는 '로돈(rhodon)'과 '붉음'을 의미하는 켈트어 '로드(rhodd)'에서 유래했다. 종소명 루고사(*rugosa*)는 '주름이 있다'는 뜻이다. 해당화(海棠花)는 한자 이름이다.

향나무/측백나뭇과/*Juniperus chinensis* L.

학명 중 속명 유니페루스(*Juniperus*)는 '향나무'를 뜻한다. 종소명 키넨시스(*chinensis*)는 원산지가 '중국'이라는 뜻이다. 향나무를 의미하는 한자는 회(檜)다. '회'는 우리나라에서 '전나무'로, 일본에서는 '편백나무'로 번역된다.

무화과/뽕나뭇과/*Ficus carica* L.

학명 중 속명 피쿠스(*Ficus*)는 그리스어 '시콘(sycon)'에서 유래했다. 그리스 크레타 섬에서는 시콘을 무화과의 마른 열매를 의미했다. 무화과의 생 열매는 '올린토스(*olynthos*)'라 불렀다. 그런데 피쿠스는 여성형일 때는 무화과이지만 남성형일 때는 '무사마귀'를 의미한다. 더욱이 피쿠스의 어원에는 이 나무의 열매가 음낭과 반쯤 열린 여자의 외음부와 연결되어 있다. 종소명 카리카(*carica*)는 '무화과'를 의미한다. 무화과(無花果)는 한자 이름이다.

사철나무/노박덩굴과/*Euonymus japonica* Thunberg

학명 중 속명 에우오니무스(*Euonymus*)는 희랍어 '좋다'를 의미하는 '에우(eu)'와 '이름'을 의미하는 '오노마(onoma)'의 합성어다. 좋은 평판이라는 뜻이지만, 가축에 독이 있다고 나쁜 평판이 있는 것을 반대로 표시했다. 희랍신화 중 신명(神名)이기도 했다. (*japonica*)는 원산지가 '일본'이라는 뜻이다. 사철나무는 '늘 푸르다'는 뜻이다.

능금/장미과/*Malus asiatica* Nakai

학명 중 속명 말루스(*Malus*)는 '사과'를 뜻하는 그리스어 '말론(malon)'에서 온 말이다. 말루스는 로마시대에 불린 이름이다. 종소명 아시아티카(*asiatica*)는 원산지가 '아시아'라는 뜻이다. 능금은 한자 임금(林禽)에서 유래했다.

갈매나무/갈매나뭇과/*Rhamnus davurica* Pallas

학명 중 속명 람누스(*Rhamnus*)는 '가시 있는 떨기나무'를 의미한다. 종소명 다부리카(*davurica*)는 '다후리아'지방을 말한다. 이 나무의 한자는 저리(楮李), 서재(鼠梓), 산리자(山李子), 우리(牛李), 조리(皂李), 조리(趙李), 우조자(牛皂子), 오사자(烏槎子), 오소자(烏巢子), 비(椑) 등이다.

쥐똥나무/물푸레나뭇과/*Ligustrum obtusifolium* Siebold *et* Zuccarini

학명 중 속명은 광나무와 같다. 종소명 오브투시폴리움(*obtusifolium*)은 '잎의 끝이 뭉뚝하다'는 뜻이다. 쥐똥나무의 '쥐똥'은 쥐의 배설물인 '쥐똥'을 의미한다. 이는 이 나무의 익은 열매가 마치 쥐똥처럼 생겨 붙인 이름이다. 북한에서는 이 나무의 열매가 검은 콩을 닮아 '검정알나무'라 부른다. 쥐똥나무의 열매는 '여정실(女貞實)'을 의미하는 광나무와 짝을 해서 '남정실(男貞實)'이라 한다.

주엽나무/콩과/*Gleditsia japonica* var. *koraiensis* Nakai

학명 중 속명 글레트시아(*Gleditsia*)는 식물의 학명을 체계화한 리나이우스와 같은 시대에 살았던 독일의 식물학자 글레디츠(Johann Gottlieb Gleditsch, 1714-1786)를 뜻한다. 종소명 야포니카(*japonica*)는 원산지가 '일본', 코라이엔시스(*koraiensis*)는 원산지가 '한국'이라는 뜻이다. 주엽은 한자 '조엽(皂莢)'에서 유래했다.

모감주나무/무환자나뭇과/*Koelreuteria paniculata* Laxman

학명 중 속명 코엘레우테리아(*Koelreuteria*)는 독일의 식물학자 엘로이테르(Joseph

Gottlibe Koelreuter, 1734-1806)서 유래했다. 종소명 파니쿨라타(*paniculata*)는 '원추형(圓錐形)의'를 말한다. 모감주는 중국 선종을 대표하는 영은사(靈隱寺) 주지의 법명이 묘감(妙堪)이고, 불교에서 보살이 가장 높은 경지에 오르면 '묘각(妙覺)'으로 부른데서 유래했을 것으로 추측한다.

모란/모란과/*Paeonia suffruticosa* Andrews

학명 중 속명 파이오니아(*Paeonia*)는 그리스 신화 중 의사(醫師) 신인 '파이온(paeon)'에서 유래했다. 이는 모란의 뿌리를 약용으로 사용하기 때문에 붙인 것이다. 종소명 수프루티코사(*suffruticosa*)는 '아관목(亞灌木)', '관목에 가깝다'는 뜻이다. 모란은 한자 '목단(牧丹)'에서 유래했다.

목련/목련과/*Magnolia kobus* A. P. de Candolle)

학명 중 속명 마그놀리아(*Magnolia*)는 프랑스 남부에 위치한 몽뺄리에 대학 식물학 교수 '삐에르 마뇰(Pierre Magnol)'을 의미한다. 종소명 코부스는(*kobus*)는 '목련'을 나타내는 일본어 '고부시(こぶし)'다. 목련(木蓮)은 '나무의 연꽃'을 의미하는 한자 이름이다.

수국/범의귀과/*Hydrangea macrophylla* for. *otaksa* (Sieb. & Zucc.) Wilson

학명 중 속명 히드란게아(*Hydrangea*)는 '물'을 의미하는 '히도르(hydor)'와 '용기(容器)'를 의미하는 '안게이온(angeion)'의 합성어다. 종소명 마크로필라(*macrophylla*)는 '잎이 크다'는 뜻이다. 또 하나의 종소명 오타크사(*Otaksa*)는 네덜란드의 식물학자 지볼트(Siebold, 1796-1866)의 애인 오다기상(楠本瀧)을 의미한다. 수국은 한자 수구화(繡毬), 수구(繡球)에서 유래했다.

박태기나무/콩과/*Cercis chinensis* Bunge

학명 중 '케르키스(*Cercis*)'는 그리스어로 '꼬투리가 칼집(cercis) 같다'는 뜻이다. 종소명 키넨시스(*chinensis*)는 원산지가 '중국'이라는 뜻이다. 우리말 박태기나무는 꽃 모양이 마치 밥알을 닮아 붙인 이름이다. 경상도와 충청도를 비롯한 충주지방에서는 밥알을 '밥티기'라 부른다. 박태기나무의 한자 이름은 소방목(蘇方木), 자형(紫荊), 만조홍(滿條紅) 등이다.

배롱나무/부처꽃과/*Lagerstroemia indica* L.

학명 중 속명 라게르스트로에미아(*Lagerstroemia*)는 린네의 친구 라게르스트룀(Lagerstroem, 1696-1759)을 의미한다. 종소명 인디카(*indica*)는 원산지가 '인도'라는 뜻이다. 배롱나무는 한자 백일홍(百日紅)을 우리말로 바꾼 것이다. 중국에서는 주로 '자미화(紫薇花)'라 부른다.

동백나무/차나뭇과/*Camellia japonica* L.

학명 중 속명 카멜리아(*Camellia*)는 17세기 체코의 선교사 카멜(G. J. Kamell)을 말한다. 종소명 야포니카(*japonica*)는 원산지가 '일본'이라는 뜻이다. 동백(冬柏)나무는 한자 이름이다. 동백나무는 중국과 한국에서 '산다(山茶)'라 부른다.

수수꽃다리/물푸레나뭇과/*Syringa dilatata* Nakai

학명 중 속명 시린가(*Syringa*)는 '작은 가지로 만든 피리'를 의미하는 '시린크스(syrinx)'에서 왔다. 종소명 딜라타타(*dilatata*)는 '넓어진'을 의미한다. 수수꽃다리는 이 나무의 꽃대가 수수를 닮아 붙인 이름이다. 예전엔 라일락이라 불렀다.

칠엽수/칠엽수과/*Aesculus turbinata* Blume

학명 중 속명 아이스쿨루스(*Aesculus*)는 '먹다'를 의미하는 라틴어 '아이스카레(*Aescare*)'에서 유래했다. 종소명 투르비나타(*turbinata*)는 꽃 모양이 '원뿔'이라는 뜻이다. 칠엽수(七葉樹)는 잎이 7개라는 뜻의 한자 이름이다.

잣나무/소나뭇과/*Pinus koraiensis* Siebold & Zuccarini

학명 중 속명은 소나무와 같다. 종소명 코라이엔시스(*koraiensis*)는 원산지가 '한국'이라는 뜻이다. 잣나무의 한자는 '백(柏:栢)'이다. 다만 중국에서 '백'은 측백나무를 의미한다.

낙엽송/소나뭇과/*Larix leptolepis* Siebold & Zuccarini

학명 중 속명 라릭스(*Larix*)는 '기름기가 많다'는 뜻이다. 라릭스의 '라르(lar)'는 '풍부하다'는 켈트어다. 레프톨레피스(*leptolepis*)는 잎갈나무의 잎이 얇은 비늘처럼 달려 붙인 이름이다. 낙엽송(落葉松)은 한자 이름이다. '잎갈나무'라고 부른다.

색 인

ㅇ

ㅈ

중국 황토고원의 산림훼손과 황사

초판 1쇄 인쇄 2016년 6월 13일
초판 1쇄 발행 2016년 6월 20일

지 은 이 강판권
펴 낸 이 신일희
펴 낸 곳 계명대학교 출판부
출판등록 제347-1998-1호(1970. 9. 1)
주 소 대구광역시 달서구 달구벌대로 1095
대표전화 053-580-6233
팩 스 053-580-6235
홈페이지 www.kmupress.com

ISBN 978-89-7585-744-7 93480 정가 16,000원

이 도서의 국립중앙도서관 출판예정도서목록(CIP)은 서지정보유통지원시스템 홈페이지(http://seoji.nl.go.kr)와 국가자료공동목록시스템(http://www.nl.go.kr/kolisnet)에서 이용하실 수 있습니다.(CIP제어번호: CIP2016014293)